Edizioni PensareDiverso
Cenacolo Jung Pauli

Bruno Del Medico
Capa de Elisabetta Del Medico

Do universo físico ao cosmos metafísico. O emaranhamento quântico e a sincronicidade de Carl Jung

A caminho da era da colaboração entre espírito e matéria.

Primeira edição 2019: "Emaranhamento quântico e inconsciente coletivo"
2ª Edição atualizada e expandida 2022

Editora Bruno Del Medico.
edizioni@delmedico.it

Conteúdo do livro.

Do mesmo autor.

Prefácio.

Este livro é a segunda edição grandemente expandida do livreto anterior "O Emaranhamento Quântico e o Inconsciente Coletivo". Reúne as melhores contribuições publicadas pelo autor em seus blogs, redes sociais e sites em italiano, traduzidos para o português.

O leitor ficará surpreso com a originalidade dos argumentos. Do feliz casamento entre a física quântica e o inconsciente coletivo de Carl Jung, nasce uma nova metafísica do universo e surge um lugar em que matéria e espírito colaboram e são guiados por sincronicidades cósmicas para conduzir o homem a projetos evolutivos incríveis.

Carl Jung e Wolfgang Pauli trabalharam respectivamente no campo da psique e no da matéria. Esses dois setores são considerados absolutamente incompatíveis entre si. De fato, o materialismo científico nega a existência de qualquer componente psíquico no universo conhecido.

Apesar da enorme distância entre suas disciplinas, os dois cientistas estabeleceram uma colaboração que durou mais de vinte anos. Durante esse período nunca deixaram de procurar um "elemento unificador", capaz de conciliar, a nível científico, as razões da dimensão psíquica com as da dimensão material.

Infelizmente, eles não conseguiram isso em vida, mas foram profetas de uma nova interpretação científica do universo. De fato, a evolução do conhecimento no campo da física quântica, e sobretudo as confirmações experimentais de fenômenos como o emaranhamento quântico, reavaliam suas teorias. Hoje surge com força a ideia de um universo que não seja dividido em "objetos materiais". O universo não é dividido, mas consiste em uma única realidade, composta de espírito e matéria. Esta é a realidade que Jung e Pauli chamaram de "Unus mundus". Matéria e psique têm igual dignidade e juntas contribuem para a existência do universo.

A série editorial "Cenacolo Jung Pauli" é um lugar de conhecimento e estudo. Acreditamos que seja o ambiente mais adequado para retomar o trabalho a partir do ponto em que Carl Jung e Wolfgang Pauli pararam. Podemos afirmar que, hoje, a atualidade científica enobrece suas pesquisas e as projeta para interpretações ainda mais ousadas do que eles próprios imaginavam.

Carl Gustav Jung (1865-1961) foi um psicólogo e psicoterapeuta suíço, conhecido por suas teorias sobre o inconsciente coletivo e a sincronicidade. Wolfgang Pauli (1900-1958) é um dos pais da física quântica. Sobre Pauli podemos dizer que no ano de 1945 recebeu o Prêmio Nobel por seus estudos sobre um princípio básico da mecânica quântica, conhecido como "princípio de exclusão de Pauli".

A história começou assim.

Vamos começar com a experiência de todos. As estranhas coincidências.

"Já estive aqui antes?".

As estranhas coincidências são experiências tão comuns que ninguém acredita que possa duvidar. Carl Gustav Jung fala sobre isso com um exemplo:

> "Por acaso, acho que meu bilhete de bonde tem o mesmo número do teatro que comprei imediatamente depois. Se durante a noite eu receber uma ligação telefônica na qual alguém me menciona o mesmo número, parece improvável que a relação entre esses fatos seja acidental "

Há também coincidências menos impressionantes, que, no entanto, nos surpreendem, porque dentro de nós elas assumem o significado de uma conexão quase impossível.

Exemplos infinitos podem ser citados. "Veja" mentalmente um amigo em uma situação difícil e depois descubra que essa pessoa realmente viveu um episódio negativo. Muitos evitam o comportamento porque se sentem desconfortáveis. Por exemplo, eles não pegam transporte público. Mais tarde, eles descobrem que o veículo estava envolvido em um acidente. Alguns sonham com um amigo esquecido porque ele mora em outra cidade e no dia seguinte eles o encontram na rua.

Todos nós somos frequentemente testemunhas ou protagonistas de fatos semelhantes. No começo, estamos um pouco surpresos, mas depois decidimos que é um caso e guardamos tudo em algum canto da nossa mente.

Na realidade, "coincidência" nem sempre equivale a "acaso". Isso é demonstrado pelo fato de que algumas coincidências geram problemas em nossa mente que permanecem sem solução por toda a vida.

No entanto, esses episódios ressurgem na mente e estimulam nossa curiosidade, juntamente com um vago senso de mistério. Temos a sensação de uma indicação ou sugestão que não conseguimos compreender.

O conhecido psicoterapeuta Carl Gustav Jung estudou esse fenômeno por um longo tempo e elaborou muitas das teorias descritas mais adiante neste livreto. Segundo Jung, muitas coincidências são certamente aleatórias, mas às vezes não. Jung levantou a hipótese da existência de coincidências que poderiam ser consideradas significativas ou mesmo "numinosas" (cobertas de sacralidade) e cunhou para elas o nome de "sincronicidade".

Coincidências e sincronicidade..

"Por trás de cada sincronicidade existem universos inteiros desconhecidos para explorar"

As "coincidências significativas" podem ser de vários tipos. Por exemplo, eles podem ser baseados em sonho, premonição, telepatia ou outro. De qualquer forma, eles colocam o espírito ou a psique em jogo. Aceitamos a hipótese de que o universo não é feito apenas de matéria, mas de matéria e espírito. Ambos moldam nossa realidade juntos. Sob essas condições, muitos fenômenos, que seriam inexplicáveis com os parâmetros do materialismo, tornam-se compreensíveis.

Jung foi o primeiro a estudar o fenômeno de estranhas coincidências com métodos científicos. Ele forneceu as ferramentas apropriadas para entender quando uma coincidência pode ser considerada significativa ou numinosa. Quando as condições propostas por Jung se tornam realidade, a coincidência se torna uma sincronicidade.

É claro que é necessário distinguir entre coincidências aleatórias e sincronicidades. Os primeiros fazem parte da vida cotidiana e derivam da sobreposição e entrelaçamento de nossas atividades com as do mundo ao nosso redor. A característica predominante das coincidências normais é que as consideramos descontadas e não nos envolvem ou nos interessam muito.

As sincronicidades, por outro lado, abrem uma enorme janela no panorama do mistério. Por trás de toda sincronicidade, existem universos desconhecidos inteiros para explorar e uma imensa sabedoria para poder acessar. Infelizmente, nossos olhos não são adequados para decifrar essas paisagens. Não sabemos a linguagem pela qual as sincronicidades tentam se comunicar conosco. Existem problemas de harmonia entre nossa mente e a Mente que nos envia sincronicidades.

Carl Jung e o inconsciente coletivo.

"Psicologia da profundidade. A origem do inconsciente coletivo".

Para entender completamente o conceito de sincronicidade, precisamos entrar nas teorias de Jung. Primeiro, precisamos introduzir o tópico do "inconsciente coletivo".

Segundo Jung, existe um nível de consciência colocado fora da nossa mente. Essa consciência não está confinada ao nosso crânio, mas é separada e independente da nossa fisicalidade. É um nível psíquico e, portanto, não pode ser localizado em lugar algum. Não é "uma coisa" com comprimento, largura, altura e peso. Não pode ser retirado daqui e movido para lá.

o inconsciente coletivo "é" existe da mesma maneira que a nossa alma, a idade de uma árvore ou o fluxo da água do rio. Ninguém pode ver ou pesar a idéia da idade da árvore ou do fluxo do rio, mas é inegável que elas existem.

O inconsciente coletivo é uma realidade absolutamente psíquica que contém as experiências de todos os seres humanos. A grande vantagem é que todos os seres humanos podem utilizar esse depósito, como se estivessem extraindo água de um poço. Toda a experiência da humanidade está presente no inconsciente coletivo na forma de arquétipos. Hoje diríamos que todas as informações relacionadas à raça humana são arquivadas na forma de "file" chamados "arquétipos".

Como todos os seres humanos podem interagir com os arquétipos do inconsciente coletivo, segue-se que possuímos uma grande quantidade de conhecimento. Esse conhecimento vai além da nossa experiência.

Às vezes, os arquétipos se movem do inconsciente coletivo e passam a influenciar nossa consciência. Isso gera episódios difíceis de entender. São sincronicidades. Compreendemos a presença de um significado oculto, mas não o entendemos com precisão.

A reunião de Jung e Pauli.

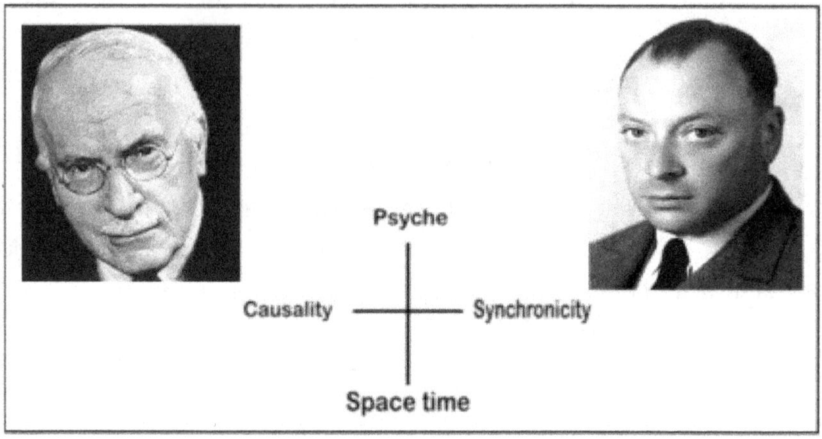

"Diagrama psicofísico de Pauli e Jung. O mundo da Causalidade e do Espaço-Tempo em equilíbrio com o da Psique e da Sincronicidade."

Em colaboração com Wolfgang Pauli, Jung aprofundou a possibilidade de que os conceitos de "Arquétipo" e "Sincronicidade" pudessem estar relacionados a uma realidade que definia "Unus mundus".

É uma realidade da qual tudo emerge e para o qual tudo volta. Provavelmente coincide com o conceito de "Anima mundi", de origem neoplatônica.

Filosofias e religiões sempre apoiaram o conceito de alma do mundo. Hoje esse conceito está presente, com nomes diferentes, na filosofia oriental. Podemos lembrar o Tao da cultura chinesa ou o Ātman da cultura indiana. Mas um conceito semelhante também está presente na religiosidade ocidental. Lembremo-nos de Deus e do Espírito Santo. Também existem muitos termos seculares para se referir a essa realidade: Mente Universal, Consciência Global, Espírito do Mundo.

Falando no inconsciente coletivo, nos referimos, por fortes analogias, a todas e a nenhuma dessas entidades religiosas ou filosóficas.

Naturalmente, Jung e Pauli abordaram esse assunto de maneira absolutamente secular.

Pauli perseguiu o objetivo de "restaurar uma alma" à natureza, que lhe fora privada pelo materialismo.

Pauli, referindo-se à psicologia, amadureceu algumas crenças fundamentais. Por exemplo, ele acreditava firmemente que as descobertas científicas são favorecidas e antecipadas por imagens arquetípicas na mente do cientista.

Por sua parte, nesta colaboração, Jung se familiarizou com os estudos da física quântica. Nesse contexto, a distinção entre matéria e energia é tão sutil que parece inexistente.

Jung coloca um elemento não material, a psique, na materialidade. Segundo Jung, a psique e a matéria formam uma realidade única, não apenas psíquica e não apenas material. Esta realidade única é chamada "Unus Mundus".

O diagrama psicofísico elaborado por Jung e Pauli (ver figura) equilibra a psique com espaço-tempo, isto é, com a parte material do universo. Em vez disso, nos braços horizontais, o diagrama equilibra determinismo, ou causalidade, com sincronicidade.

Que evidência temos? Materialismo negacionista.

"Apenas "coisas". Que triste!"

A enciclopédia Wikipedia descreve o materialismo da seguinte maneira:

> "O materialismo é uma posição filosófica que identifica todos os aspectos da realidade com a matéria. Portanto, exclui a presença e a eficácia de todo momento superior de caráter espiritual ".

Se o materialismo é esse, certamente é uma teoria que contrasta fortemente com o conteúdo deste folheto. De fato, acreditamos na maioria das idéias negadas pelo materialismo.

Um dos princípios fundamentais do materialismo é que o mundo é uma máquina. O mundo materialista é um lugar onde tudo acontece de acordo com princípios determinísticos.

Isso significa que apenas uma ação pode determinar outra ação e qualquer ação é baseada exclusivamente nas interações que ocorrem entre objetos materiais.

Segundo o materialismo, o homem também é uma máquina, e suas ações são determinadas pelas interações mecânicas entre suas partes componentes.

Vamos resumir alguns pontos da doutrina materialista.

O homem tem um cérebro no qual ocorrem reações químicas que determinam seu comportamento. Exclui-se que ele tenha consciência ou alma.

Pensamentos, sugestões, tendências para o espiritual e o divino são apenas imagens falsas. Estas são miragens ou epifanias. Visões espirituais são produtos residuais resultantes das reações químicas do cérebro. O homem existe apenas em seu crânio. O homem que acredita estar se projetando para o exterior é simplesmente um robô que se ilude.

Portanto, o homem é apenas a agregação, por acaso, de alguns materiais. Certo dia, uma mistura de água, proteínas, gorduras, minerais, carboidratos, vitaminas se uniu e deu origem ao homem. Isso aconteceu por acaso. Se você se olha no espelho e vê sua imagem, pensa que é algo mais do que essa pilha de substâncias, é pura ilusão.

Você é apenas uma série de frascos na prateleira de um laboratório químico. Você é apenas uma série de frascos na prateleira de um laboratório químico. Um dia, o caso sacudiu essas latas e ele recebeu um pequeno robô como você, que pensa que pensa, ama e deseja, mas na verdade ele se ilude.

O materialismo criou historicamente uma fenda incurável entre a matéria e a psique. A ciência materialista estabeleceu-se com uma forte conotação ateísta nos últimos dois séculos e ocupou todas as posições dominantes da cultura e da sociedade.

De fato, qualquer pessoa que não professasse crenças materialistas foi excluída de qualquer carreira científica.

Sob essas condições, era difícil para as teorias defendidas por Jung e Pauli ter sucesso nos círculos científicos.

A verdade é que o materialismo é uma estrutura antiga que chia sob os golpes de novas evidências científicas. Hoje existem cientistas eminentes, principalmente físicos quânticos, que estão desenhando uma imagem radicalmente diferente do cosmos. É uma realidade decididamente orientada no sentido "espiritual".

Física quântica e a diatribe de Bohr-Einstein.

"Deus não joga dados." (Einstein)

Há um mistério na física quântica, que fez Albert Einstein perder o sono. Ele não gostou de alguns aspectos da teoria quântica. Esses aspectos foram apoiados por Niels Bohr e pela Escola de Copenhague, fundada pelo próprio Bohr. Einstein não entendeu por que era impossível determinar a posição e a velocidade de uma partícula ao mesmo tempo. Ele afirmou que "Deus não joga dados". Com isso, Einstein quis dizer que todos os aspectos da realidade material devem ser conhecidos o tempo todo. A todo momento, deve ser possível saber onde está uma partícula elementar e com que rapidez ela está se movendo.

Acima de tudo, Einstein contestou a existência real de um misterioso efeito físico conhecido pelo nome inglês de emaranhamento.

Vamos considerar uma versão simplificada do emaranhado. Suponha que tenhamos um gerador que produz dois fótons. (Fótons são as partículas elementares que compõem a luz). O par é separado e os dois fótons são movidos para distâncias imensas um do outro.

Os dois fótons são complementares. Simplificando, dizemos que um vira para a direita e o outro vira para a esquerda.

Bem, se invertermos o sentido de rotação de um dos dois fótons, o outro também inverte simultaneamente a direção de rotação.

Isso acontece mesmo que os dois fótons tenham sido movidos para distâncias galácticas.

Então a mudança acontece muito mais rápido que a velocidade da luz. Além disso, a mudança de rotação do primeiro fóton produz um efeito misterioso no segundo fóton. Nenhuma energia atualmente conhecida atua entre os dois.

Einstein definiu esse experimento com as palavras "ação fantasmática à distância". Essas palavras entraram no histórico para definir o emaranhado.

Isso contrasta com a concepção materialista do mundo, que é determinística. Segundo o determinismo, todo evento deve ser causado por outro. Uma bola de bilhar (B) começa a se mover somente quando outra bola (A) bate nela, não antes ou depois. Além disso, o movimento da bola B está intimamente relacionado à força do golpe.

No nível quântico, as coisas funcionam de maneira diferente. A bola B começa a se mover simultaneamente com a bola A, isto é, antes de ser atingida. De fato, isso acontece mesmo que a bola A esteja na Terra e a bola B esteja em Júpiter (ou no outro extremo do universo). Portanto, há uma força desconhecida que transmite energia e informação. Essa força não é a força da gravidade.

Einstein acreditava que o fenômeno do emaranhamento só poderia ser alcançado no contexto da física clássica, isto é, de maneira determinística. Segundo Einstein, a explicação era que o procedimento estava errado. Consequentemente, as conclusões também estavam erradas.

Apesar das convicções de Einstein, os experimentos realizados na década de 1980 confirmaram que os procedimentos são precisos. Existe uma realidade completamente desconectada da física clássica. Há uma área do universo que não está sujeita às regras da materialidade. É a "não localidade".

Confirmação do emaranhado.

"Tudo é "Um". Nós também somos "Um" com o "Todos"

Os testes experimentais obtidos em 1982 pelo francês Alain Aspect confirmaram a realidade do fenômeno do emaranhamento. Se Einstein ainda estivesse vivo, ele deveria ter anotado as evidências. Duas partículas, unidas pelo nascimento comum, permanecem para sempre unidas a um vínculo que não é material, porque vai além do espaço e do tempo.

No entanto, uma certa ciência finge ignorar essa novidade chocante da física.

O problema que assombra a ciência tradicional é que o emaranhamento distorce todas as leis da física clássica, também chamada de física newtoniana.

Consideramos alguns princípios da física clássica:

- A realidade é causal e mecanicista: cada ação deriva de uma ação anterior e produz ações subsequentes.
- O limite de velocidade da luz não pode ser excedido (300.000 quilômetros por segundo).
- Cada força (gravitacional, magnética etc.) diminui em função da distância.

• A flecha do tempo estabelece uma hierarquia rígida na evolução de cada evento. O que acontece primeiro é sempre a causa do que acontece depois. Nenhum fato pode ser a causa de algo que acontecerá a seguir.

No nível de partículas elementares, nenhuma dessas regras é válida. Duas ou mais partículas relacionadas (emaranhadas) têm características muito diferentes. Resumimos alguns deles:

• O limite de velocidade da luz não é mais válido.

• O princípio de que as forças desaparecem com a distância não é mais válido.

• Como não há diferença de tempo entre ação e reação, a seta do tempo não é mais válida. O "antes" e o "depois" não existem mais.

• Pela mesma razão, a causalidade não existe mais porque ação e reação ocorrem simultaneamente.

Mas, acima de tudo, uma partícula colocada a distâncias astronômicas, como ela pode saber que a outra está preparada para mudar? Como a partícula sabe e muda ao mesmo tempo?

Que forma de conhecimento existe entre as duas partículas?

É necessário imaginar um espaço que não seja feito de matéria. Um espaço que elimina todos os problemas de tempo e distância. De fato, temos que imaginar um espaço psíquico, não material. Talvez este seja o mesmo espaço que Platão chamou de "mundo das idéias" e que Carl Jung mais tarde chamou de "inconsciente coletivo"?

É um espaço chamado "não localidade" porque não pode ser colocado em nenhum lugar. A não localidade está em todo lugar. Penetra todo o universo. Cada parte do universo está imersa nesse nível de energia e informação. Em conclusão, não há divisão no universo. Nossos sentidos nos mostram um universo dividido em diferentes objetos. Na realidade, no nível subatômico, o universo é um.

Emaranhamento e inconsciente coletivo.

"Em união com o Cosmos."

O emaranhamento quântico mostra que existe um nível de "gerenciamento do universo" superior às leis do materialismo físico.

É algo que transcende tempo, espaço e matéria. Mas há outra implicação extraordinária: se duas partículas separadas continuarem a se comportar como se fossem uma única partícula, todo o universo estará vinculado por uma força que a une e a une. De fato, todo o universo vem de um evento único, o big-bang. Todas as partículas elementares do universo estão correlacionadas.

Do nível não local, onde não há espaço nem tempo, todas as informações do universo fluem para nossas consciências na forma de arquétipos.

Da mesma forma, as sincronicidades fluem da não localidade. As sincronicidades geram todas as curiosas coincidências das quais somos protagonistas, os pressentimentos, as janelas abertas nos espaços do espírito.

Nesse ponto, começamos a acreditar que a perfeição da criação não é fruto do acaso, mas deriva de um nível superior.

Esse nível vai além do conceito de materialidade e implica a presença de uma entidade que dirige o universo sem restrições de tempo ou espaço.

Existe um Tao, existe um Espírito que governa o universo acima das leis da matéria?

Jung teoriza a existência de um inconsciente coletivo, isto é, uma consciência universal externa aos indivíduos. Do inconsciente coletivo, os arquétipos fluem para a nossa consciência. Os arquétipos são figuras simbólicas. Em nossa consciência, os arquétipos são transformados em avisos, conselhos, humores, premonições, conscientização.

É provável que a força desconhecida que causa o entrelaçamento e o inconsciente coletivo teorizado por Jung sejam a mesma coisa. A psicologia e a física quântica podem colaborar.

A física quântica está apenas no começo, mas a concepção materialista apoiada pelos cientistas dos últimos séculos começa a vacilar.

O milênio que está começando será o milênio que encontrará a "fórmula unificadora" entre ciência e espírito. O sonho de Jung e Pauli se tornará realidade.

O observador determina o comportamento.

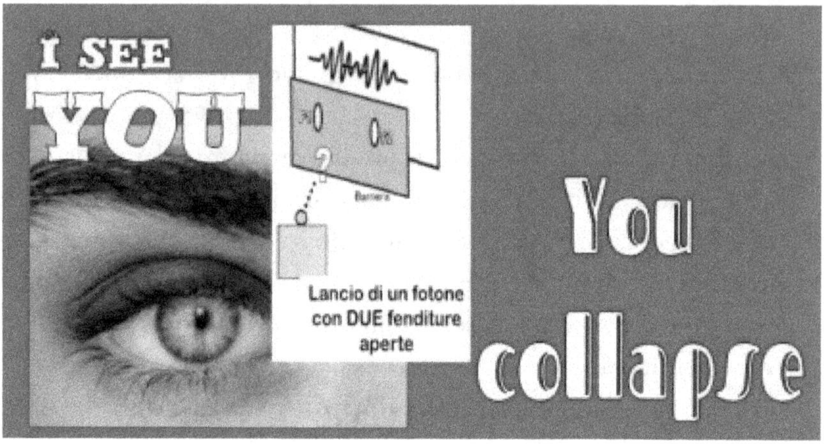

""Eu olho para você, você colapsa." O papel do observador na realidade quântica. O lançamento de um fóton com duas fendas abertas."

Um dos fenômenos mais surpreendentes no comportamento de partículas elementares é o que podemos destacar através do experimento de "fenda dupla".

Se atirarmos um fóton contra uma barreira com duas fendas, assumimos que o fóton passa por uma ou outra.

Não é assim O fóton atravessa os dois. Esta não é uma afirmação rebuscada. Esse fenômeno foi confirmado em centenas, senão milhares de experimentos, e é universalmente reconhecido por toda a ciência. Esse fenômeno é chamado de "superposição de estados". Com base nesse fenômeno, um fóton pode estar em dois lugares ao mesmo tempo. A superposição de estados é a base do fenômeno de emaranhamento.

De fato, um fóton não se comporta como se fosse uma partícula, mas como se fosse uma onda. O fóton se propaga como um círculo de água na superfície da lagoa.

O fóton não está em um local específico, ele está perdido na onda. Ele também pode ficar em dois lugares ao mesmo tempo.

Se você acha isso surpreendente, saiba que ainda não viu tudo.

Admitimos que um cientista particularmente exigente decide ir até a questão. Ele coloca um instrumento de controle atrás de uma das duas fendas, para verificar se o fóton passa por ele ou não.

Bem, neste ponto, o fóton passa apenas pela fenda monitorada pelo instrumento. Diz-se que o fóton "entra em colapso" em um determinado estado.

Podemos concluir que o fóton é dotado de inteligência. Ele escolhe passar por duas rachaduras quando você NÃO a observa. Por outro lado, ele passa por UMA fenda quando você a observa.

A consequência mais relevante do experimento é a seguinte: o observador pode determinar o comportamento do fóton e de qualquer outra partícula elementar. Ele pode fazer isso simplesmente olhando para ele.

John Wheeler era um físico americano, uma figura carismática na física das décadas de 1930 e 1940; sob sua liderança, muitos físicos famosos se formaram, incluindo Richard Feynman. Wheeler acredita que o papel do observador é o aspecto mais importante da física quântica. Ele propõe substituir o termo "observador" pelo de "participante". Expressa essa convicção em uma famosa citação:

> "A medição altera o estado do elétron. Após uma medição, o universo não é mais o mesmo. Para descrever o que aconteceu, precisamos eliminar a palavra antiga "observador" e substituí-la pelo novo termo "participante". De certa forma, o universo é um universo participativo ".

No nível das partículas elementares, a vontade do observador participa do funcionamento da matéria; de fato, ela pode determiná-la.

Por enquanto isso se aplica a partículas elementares. Talvez, através de estudos subsequentes, descubramos que a consciência também pode intervir na agregação de fótons, átomos, moléculas e organismos inteiros. Talvez, sem o saber, isso já esteja acontecendo.

A "Consciência Global".

"Projeto "Consciência Global". Alerta precoce da consciência do mundo.

Vários experimentos científicos descobriram que eventos negativos, antes que eles ocorram, causam variações na consciência de cada ser humano.

Talvez, como resultado disso, seria útil testar os distúrbios preventivos de vastas seções da população. Esses testes podem sinalizar eventos negativos que afetam nações ou continentes inteiros ou todo o planeta. Em palavras mais simples, seria possível prever eventos negativos.

Alguém teve o cuidado de investigar essa possibilidade de maneira científica, com pesquisas ainda em andamento. A pesquisa ocorre em um projeto criado na década de 1980 pelos professores Robert Jahn e Brenda Dunne na Universidade de Princeton.

Este projeto nasceu quando os vários experimentos nos permitem imaginar que uma consciência coletiva global poderia realmente existir. É o projeto "Pesquisa de anomalias de engenharia de Princeton".

Os estudos consistiram em verificar os efeitos psicocinéticos em pequenos dispositivos capazes de gerar números aleatórios. Em termos técnicos, esses dispositivos são chamados de RNG (Random Number Generator).

Os números podem ser ímpares ou pares. Consequentemente, como em um sorteio, após um número razoável de arremessos, o resultado fica achatado (50-50).

Os cientistas pediram aos voluntários envolvidos no experimento que tentassem influenciar a escolha dos números. De fato, os voluntários conseguiram gerar variações interessantes em comparação com a estatística 50/50.

Posteriormente, ocorreu um fenômeno surpreendente. Embora nenhum voluntário tenha tentado influenciar os geradores de RNGi, os resultados foram diferentes dos 50/50 esperados pela estastística.

Os estudiosos imaginavam a existência de uma consciência coletiva capaz de influenciar geradores, mesmo na ausência de voluntários.

É pacífico que, dentro de um certo raio, os geradores também são influenciados por pessoas que não estão diretamente envolvidas no experimento. A consciência dos indivíduos gera uma "força" capaz de influenciar os RNGs.

Nos anos seguintes, muitos outros Institutos aderiram ao Projeto, que recebeu o nome de "Projeto de Consciência Global". Uma grande quantidade de equipamentos RNG, mais tecnologicamente avançados, foi colocada praticamente em todo o mundo. Hoje existem RNGs em operação da Europa para os EUA e para a Rússia e também no Japão, Brasil, China, América do Sul, Austrália e África. Essas ferramentas geram números aleatórios (um ou zero) centenas de vezes por segundo. Antes de gerar um número, o dispositivo faz uma previsão e verifica se adivinhou corretamente.

Foi possível verificar que, por ocasião de eventos coletivos de importância significativa, os geradores formulam previsões exatas significativamente superiores à média. É como se o seu funcionamento comum fosse influenciado pelos eventos que acontecerão logo em seguida.

Na prática, os RNGs são capazes de registrar uma variação significativa no subconsciente coletivo das comunidades que estão dentro de sua faixa de influência.

A variação é expressa em um número maior de previsões exatas.

Se o evento que ocorre afeta um continente inteiro, todos os geradores nesse continente têm as mesmas variações. Como confirmação, enormes picos de previsões exatas foram notados algumas horas antes do ataque às Torres Gêmeas em Nova York, em 11 de setembro de 2001.

Em seu livro "Interconnected minds", Dean Radin, que participa do projeto, descreve o comportamento dos dispositivos RNG da seguinte maneira:

> "Percebemos que algo incomum aconteceu naquele dia. Em 11 de setembro de 2001, a curva do gráfico sofreu um desvio incrível em comparação com os outros dias examinados. Aconteceu que essa curva atingiu o pico cerca de duas horas antes do avião sequestrado cair na primeira Torre Gêmea em Nova York. Mais tarde, cerca de 8 horas depois, o sinal retornou ao nível mais baixo."

Normal e paranormal.

"O universo psíquico ainda é desconhecido"

A maioria das pessoas aparentemente teve experiências de telepatia ou pré-reconhecimento.

Nesses casos, falamos de fenômenos de intuição, fenômenos psíquicos ou fenômenos parapsicológicos. Alguns acreditam que esses fenômenos derivam do sexto sentido ou do sétimo sentido. Outros falam de percepção extra-sensorial (PES) ou PSI. (abreviação de "psique").

Para os materialistas, todos esses fenômenos são ilusórios. Mesmo que pareça que esses fenômenos paranormais possam existir, na verdade eles têm explicações normais ou são apenas ilusões ou truques.

A negação de fenômenos paranormais tem sido a posição dominante nos últimos três séculos.

No entanto, uma pequena minoria de pesquisadores continuou estudando fenômenos psíquicos porque, se fossem reais, expandiriam muito nosso conhecimento da mente e estenderiam o domínio da ciência.

Mas, como essas experiências não estão de acordo com a teoria materialista, elas são classificadas como paranormais, que literalmente significam "além do normal". Nesse sentido, o "normal" não é o que realmente acontece, mas o que os materialistas pensam.

Da mesma forma, o termo "parapsicologia" significa "além da psicologia". Assim, a parapsicologia seria diferenciada da psicologia "normal"

Eu acho que esses termos estão errados e infelizes. Se os fenômenos do PSI existem, então são normais, não são paranormais. Eles são naturais, não são sobrenaturais. Esses fenômenos fazem parte da natureza humana e animal e podem ser estudados cientificamente.

(Resumo de: "As ilusões da ciência", Rupert Sheldrake)

As percepções extra-sensoriais no universo psíquico.

"O sétimo sentido"

Sempre nos disseram, desde a época de Aristóteles, que o corpo humano tem cinco sentidos: visão, audição, toque, paladar, olfato. Esses sentidos nos permitem interagir fisicamente com o mundo circundante, a fim de obter informações úteis para a sobrevivência.

Na sabedoria popular, existe outro sentido, o sexto, que não utiliza mediadores físicos (mãos, língua, olhos etc.) para realizar seu trabalho, mas o faz igualmente bem.

Isso é intuição. Intuição é a riqueza de conhecimentos que acumulamos em nossa experiência de vida, e que muitas vezes pode sugerir o que podemos confiar e o que não podemos confiar.

A intuição nos ajuda a entender o que deve ser feito e o que não deve ser feito. Em suma, a intuição nos ajuda a arriscar o mínimo possível diante de situações incertas.

Quanto maior a nossa experiência, mais a intuição funciona. A intuição não é extra-sensorial porque não introduz conhecimento desconhecido e externo em nosso conhecimento. Esse sentido reelabora as informações que já possuímos.

Assim, o sexto sentido opera racionalmente sobre dados conhecidos.

Pelo contrário, o sétimo sentido elabora, de maneira completamente irracional e imprevisível, dados e informações que muitas vezes nunca tocaram nossa consciência e nosso conhecimento.

Ou seja, o sétimo sentido nos apresenta realidades estranhas à nossa vida cotidiana e à nossa experiência.

O termo sétimo sentido pode muito bem definir algumas propriedades conhecidas mais cientificamente como percepções extra-sensoriais, ou PES (abreviação de Extra Sensory Perception). Estes são, entre outros:

- Precognição ou capacidade de prever o futuro.
- Clarividência ou capacidade de perceber visualmente coisas que normalmente não são visíveis.
- Telepatia, ou capacidade de se comunicar com o pensamento.

O campo de estudo das percepções extra-sensoriais é comumente chamado de parapsicologia.

Sincronicidades ocorrem no momento certo.

"Existem sincronicidades que mudaram a história do homem?"

Tudo o que é dito neste livro sobre a ocorrência de sincronicidades na vida do indivíduo implica que elas ocorrem "com inteligência", isto é, no momento certo, exatamente quando são necessárias para mudar a vida.

Isso não acontece apenas para indivíduos. A inteligência do universo predispõe as sincronicidades que podem guiar toda a humanidade em direção a estágios evolutivos mais elevados. Em particular, Joseph Cambray, um psicanalista junguiano, apóia a existência de "sincronicidades culturais". Um exemplo é o surgimento da democracia na civilização grega. Segundo Cambray, saltos culturais "guiados" ocorrem na evolução da humanidade. Esses saltos ocorrem "na hora certa".

Outro exemplo de "hora certa" é evidente se avaliarmos os estágios da evolução humana. As idades do homem podem ser divididas em idade da pedra, idade do cobre, idade do bronze e idade do ferro. Ao afirmar isso, não temos a percepção de sua duração. De fato, a idade da pedra começou há 3-4 milhões de anos atrás, e apenas

6.000 anos atrás passou para a era do cobre: 5.000 anos atrás para a Idade do Bronze e 3.000 anos atrás para a Idade do Ferro.

A idade da pedra foi imensamente mais longa que as idades seguintes. Por que o homem permaneceu tanto tempo em sua idade primitiva, por mais de três milhões de anos, antes de fazer a primeira transição evolutiva para a era do cobre? É uma pergunta que a paleontologia moderna não pode responder.

Arriscamos uma hipótese: durante todo esse período muito longo, os homens não desejavam, não pretendiam evoluir, talvez nem imaginassem a possibilidade, porque ainda não tinham uma consciência suficientemente pronta para expressar intenções.

A certa altura, o aumento do número e algumas circunstâncias favoráveis conseguiram desencadear um campo de força psíquica suficiente para interagir com o arquétipo do desenvolvimento cultural. A partir daí, a evolução passou muito rapidamente, passando da era do cobre para a do bronze e depois para a do ferro.

Hoje vivemos a era do silício, que é a era da informação. Hoje, temos as ferramentas de comunicação para disseminar rapidamente novas idéias, capazes de gerar campos de força e expectativas em relação às novas fronteiras do conhecimento. Os campos de força psíquica gerados hoje podem se espalhar e mudar o caminho evolutivo da humanidade em poucas décadas, não mais em milhões de anos.

O tempo em que estamos vivendo é certamente o tempo certo para que novas idéias, relacionadas ao progresso da física quântica, possam se afirmar e perturbar todas as crenças sobre a realidade do universo.

De fato, o emaranhamento prediz uma realidade que não é mais composta apenas de matéria, mas de matéria e psique. O emaranhado reavalia e apresenta todas as intuições que a humanidade sentiu como verdade por milênios, sem jamais poder experimentá-las. O emaranhamento começa a produzir evidências reais e convincentes.

Uma rede de "defensores" dessa nova ciência está sendo criada no mundo, capaz de gerar um campo de força suficiente para fortalecê-lo cada dia mais. O emaranhado se desenvolveu em alguns anos através de uma incrível série de sincronicidade.

A grande sincronicidade que estamos experimentando.

"Este é o momento certo."

No meu livro "Sincronicidade e entrelaçamento quântico", apontei que a evolução humana não ocorre de maneira linear, conforme proposto pelos darwinistas. Estudos científicos mostram que as espécies permanecem estáveis por um longo tempo. Então, de repente, as espécies variam em curtos períodos.

De fato, não se pode negar que o homem permaneceu parado por quase quatro milhões de anos na idade da pedra. Então, nos últimos 12.000 anos, evoluiu com uma velocidade incrível. O homem, depois de manusear pedras por 99,99% de sua existência, nos últimos 0,1% tornou-se capaz de pousar na lua.

Por que isso aconteceu? A resposta é que, para tudo, existe um momento certo para que isso aconteça. Cedo ou tarde, as condições objetivas externas são propícias para a mudança.

O momento certo se manifesta em uma série de sincronicidades que estimulam o destinatário individual, ou uma comunidade inteira, a embarcar na aventura da mudança.

No momento, estamos passando por um desses momentos. Estamos passando de uma civilização materialista para uma nova civilização. Nesta nova civilização, matéria e psique, corpo e espírito colaboram com igual dignidade. Vamos descobrir novas leis do universo. Os algoritmos das novas leis serão baseados na ação da matéria entrelaçada com a ação do espírito.

Uma série incrível de sincronicidade está nos guiando para esse objetivo. Estamos a caminho de um estágio evolutivo da mente que não deixará nada inalterado. Se a humanidade tiver a coragem de dar esse salto, nada será o mesmo novamente.

Provavelmente estamos viajando em grande velocidade em direção ao "Ponto Omega".

Esse termo, cunhado pelo cientista jesuíta francês Pierre Teilhard de Chardin, indica o mais alto nível de complexidade e consciência. A inteligência do cosmos está guiando a humanidade em direção ao Ponto Omega. É um nível que verá a colaboração completa e total entre a matéria e a psique.

Curiosidades da física quântica.

Se eu não tocar, não acredito. Física quântica e enganos sensoriais.

"Se eu não tocar, não acredito. Mas será que realmente "tocamos" as coisas?"

Todos confiamos totalmente em nosso toque, a ponto de uma das expressões mais comuns ser "Se eu não tocar, não acredito". De fato, toda a nossa experiência de vida ocorre no chamado nível macroscópico, ou seja, o nível construído para medir nossos sentidos. O contrário também pode ser verdade: nossos sentidos são feitos sob medida para nos fazer viver em uma realidade semelhante à que nos aparece.

No nível macroscópico, o tempo flui apenas em uma direção, que é "para frente", e pode ser medido com precisão: sabemos dividi-lo em "partes de tempo"; os mais comuns respondem ao nome de segundos, minutos, horas, mas também séculos ou milênios. Todos os objetos têm um tamanho mensurável e uma massa ou peso igualmente mensuráveis. Isso é verdade de acordo com a física clássica. Este termo refere-se ao método científico que foi desenvolvido a partir do século XVII. A partir de então, iniciou-se uma fase de investigação aprofundada da natureza, conduzida por cientistas famosos como Galileu Galilei, Isaac Newton e Gottfried Wilhelm von Leibniz.

Por esta razão é possível classificar todas as teorias formuladas antes do século 20 como física clássica. Algumas teorias nascidas por volta de 1900 podem ser consideradas parte da mesma física. Portanto, as teorias sobre mecânica incluindo acústica, sobre termodinâmica, sobre eletromagnetismo incluindo óptica, gravidade newtoniana e relatividade especial de Einstein fazem parte da física clássica.

No entanto, a relatividade lida com o macrocosmo no nível cósmico, ou seja, nas dimensões extremamente superiores às que nos são usuais. Nesse nível, muitas certezas estremecem. Espaço e tempo não são mais valores absolutos, mas relativos. Ou seja, mudam em função da velocidade e em relação à posição da pessoa que faz a medição. O tempo pode aumentar ou diminuir, a massa pode aumentar ou diminuir. O exemplo dos gêmeos se aplica: um fica na Terra, o outro parte para uma viagem ao espaço na velocidade próxima da luz. Ao retornar, o segundo será muito mais jovem que o primeiro, pois o tempo terá passado de maneira diferente para ele.

Mas em nosso nível diário, onde o segundo gêmeo pode viajar de trem, o que acontece? Exatamente a mesma coisa acontece. Mas a velocidade do trem é quase infinitamente menor que a da luz, então ninguém jamais notará que o segundo gêmeo é alguns bilionésimos de bilionésimo de segundo mais novo.

Realidade quântica.

A partir das primeiras décadas de 1900, surgiram os primeiros trabalhos de Max Planck baseados na hipótese quântica. A física quântica desmantela completamente muitos dogmas da física clássica. No nível quântico não há certezas, mas probabilidades. Uma partícula não "existe" em uma determinada posição, como nossa lógica nos levaria a acreditar, mas está dispersa em uma gama de posições possíveis, nenhuma das quais é uma presença certa. Todas as posições prováveis "colapsam" em uma posição mensurável apenas quando essa partícula é "observada", ou seja, quando um observador tenta medi-la.

Portanto, o nível quântico é um nível sem certeza. Então, o que acontece com a nossa certeza sobre o que tocamos?

Um final lamentável. Na verdade, "acreditamos" que estamos tocando alguma coisa. Na realidade, não tocamos em nada.

Um olhar sobre a estrutura dos átomos.

Todas as formas de matéria com as quais lidamos todos os dias, além de pesadas e medidas, podem ser tocadas, salvo exceções. Por exemplo, não é aconselhável tocar no fogo, nem entrar em contato com venenos ou outras substâncias nocivas.

Mas toda a matéria é feita de átomos. Nosso corpo e nossas mãos também são feitos de átomos.

O átomo tem sido considerado a menor parte em que a matéria pode ser dividida. Hoje sabemos que o átomo é uma estrutura complexa.

O átomo é composto por um núcleo e uma série de corpúsculos que giram em torno dele, os chamados elétrons. Praticamente toda a massa do átomo está no núcleo. O tamanho de um átomo é medido considerando a órbita de seu elétron mais externo: ou seja, o limite do átomo consiste nessa órbita. Tudo circunscrito por essa órbita representa o tamanho do átomo. Bem, a quantidade de matéria dentro dessa órbita é quase zero. Se o átomo fosse do tamanho de um campo de futebol, o núcleo em seu centro seria semelhante a uma lentilha e os elétrons seriam no máximo algumas dezenas de grãos de poeira flutuantes. Todo o resto... um enorme vazio.

As interações fundamentais do átomo. A interação eletronuclear forte.

No entanto, todo o sistema se mantém, como se fosse um pequeno sistema solar. Os elétrons giram em órbitas precisas em um jogo de atração-repulsão. Sabemos bem que cargas opostas se atraem e cargas iguais se repelem.

O núcleo, composto de prótons carregados positivamente e nêutrons não carregados, tem uma carga totalmente positiva. Então, por que nem todos os prótons se repelem, mas permanecem firmes no núcleo? Por que o núcleo não "explode"?

A resposta está em uma das quatro forças fundamentais do universo, a "interação nuclear forte". Essa força atua apenas no nível atômico. Possui uma propriedade chamada "carga de cor", com a qual mantém unidos os quarks, ou seja, os constituintes elementares dos prótons e nêutrons. Da mesma forma, essa força mantém os prótons juntos dentro do núcleo. Embora atue em uma dimensão extremamente pequena, esta é a força mais intensa conhecida até hoje. De fato, normalmente não é possível isolar e separar um único quark de um próton. Isso explica a enorme energia necessária em aceleradores de partículas.

Efeitos quânticos na estabilidade dos elétrons.

Os elétrons, ao contrário do átomo, têm uma carga negativa. Com base no princípio de que forças opostas se atraem, podemos perguntar por que os elétrons giram em torno do núcleo sem cair nele.

Aqui a explicação é mais complexa e a mecânica quântica entra em cena. Uma regra importante é que sistemas ligados (ou seja, aqueles compostos de duas ou mais partículas que não podem se afastar além de um certo limite) podem existir apenas para valores discretos de energia. Isso significa que eles podem conter quantidades de energia que podem ser medidas em "quanta". Agora, sabemos que o quantum é um valor "discreto", e isso significa que um elétron pode ter um, dois ou três quanta de energia, mas nunca pode ter um quantum e meio, porque o quantum não é divisível.

Dito isso, entra em jogo o princípio da incerteza de Heisenberg: "não é possível determinar com precisão absoluta ao mesmo tempo a posição e a velocidade de uma partícula".

Então, o que aconteceria com uma partícula caindo no núcleo? Ela se tornaria uma partícula imóvel. Nesse ponto seria possível determinar com absoluta precisão sua posição e sua velocidade, que seria igual a zero. Mas Heisenberg diz (com razão) que você não pode! A consequência é que... a partícula não pode parar, não pode cair no núcleo: está condenada a se mover. Na prática, o estado fundamental de um elétron (ou seja, aquele com a menor energia) não pode corresponder a um estado de uma partícula estacionária, caso contrário o princípio da incerteza seria violado. Então, graças a Heisenberg e à física quântica (mas sobretudo graças a "quem" queria que o universo funcionasse assim) os elétrons não caem no núcleo, e podemos ficar aqui falando sobre isso.

Mas o mais importante, os elétrons não colidem uns com os outros. A razão para isso é mais simples: tendo uma carga negativa, eles naturalmente se repelem porque isso acontece com dois elementos com carga igual.

Os elétrons se repelem.

O fato de os elétrons se repelirem tem muitas consequências positivas. A primeira é que o átomo mantém sua estrutura fundamental e "não se acumula". A segunda, mais importante, é que os átomos não se acumulam: os elétrons não apenas rejeitam os "irmãos" dentro do mesmo átomo, mas também rejeitam os elétrons "estranhos" que pertencem aos átomos circundantes.

Mas então, pense nisso: quando nossa mão, feita de átomos, se aproxima de qualquer coisa, por exemplo, um belo sanduíche de presunto, também feito de átomos, parece a você que os átomos do sanduíche podem aceitar ser "tocados" pelos átomos da nossa mão?

Não, a mão e o sanduíche não se tocam. Para nós "parece" que eles se tocam.

Na verdade, nunca seremos capazes de tocar em nada, mesmo que acreditemos que podemos.

Por que sentimos algo "sólido" sob os dedos?

Então, por que sentimos dor quando nosso dedo mindinho atinge a borda de um móvel? Por que sentimos frio se o vento norte (feito de átomos) flui ao nosso redor, mas não nos toca? Por que nos queimamos se aproximamos uma chama (feita de átomos) da nossa, mas a mão não é tocada?

No nível atômico, há uma distância imensurável entre a pele e o vento, a mão e o fogo. Aqui, no entanto, o processamento sensorial no nível do cérebro entra em jogo.

Em última análise, imaginamos que as sensações transmitidas ao nosso cérebro pelo toque se devem à atração pelo objeto que estamos tocando. Na verdade, eles são devidos à repulsão.

Todas as informações que recebemos sobre o mundo vêm do nosso sistema sensorial de acordo com um modelo de três etapas: entrada, processamento e saída. O processamento sensorial refere-se à forma como o sistema nervoso recebe, interpreta e responde às entradas sensoriais.

O cérebro nos dá a impressão de ter "tocado" o fogo. Na realidade, o fogo agiu em nossa pele, mas seus átomos não entraram fisicamente em contato com os átomos que compõem nossa mão.

Em nível neurológico, podemos dizer que nosso corpo está praticamente polvilhado de receptores sensoriais, ou seja, de células nervosas que adquirem informações do meio externo e as transmitem ao cérebro. O cérebro recebe a informação, processa-a e responde da forma mais adequada. Obviamente, uma mancha de sujeira ou um creme espalhado no corpo adere em virtude de ligações químicas. Na realidade, os átomos dessas substâncias penetram e se dispersam em nosso corpo, mas mantêm sua integridade.

As estranhezas do salto quântico.

As estranhezas do salto quântico".

Continuidade.

Podemos partir de um conceito físico chamado "continuidade". A continuidade assume que todos os eventos ocorrem em um movimento "fluido" ao longo da seta do tempo. Se examinarmos a trajetória de uma flecha disparada pelo arco, entre dois momentos sucessivos, podemos estabelecer que no momento A a flecha estava no ponto T1, enquanto no momento B a flecha está no ponto T2. Claro, podemos dividir o tempo entre T1 e T2 pela metade, de modo que em algum ponto a seta estará entre os pontos T1a e T1b.

Mas se dividirmos o tempo entre T1a e T1b pela metade, então em algum ponto a seta estará entre o ponto T1aa e T1ab. E assim por diante, infinitamente. A seta se move continuamente ao longo do tempo. A qualquer momento ocupa uma posição precisa. É claro que assim o tempo pode ser dividido indefinidamente, e a flecha ocupará um número infinito de posições, ou seja... nunca atingirá o alvo. (Este é o paradoxo de Zenão).

Max Planck e os quanta.

O cientista Max Planck (Prêmio Nobel de Física de 1918) não conseguiu chegar à cabeça de alguns de seus cálculos particulares, pois, tendo que introduzir o conceito de infinito, os resultados eram imprevisíveis. Só para tentar, por uma dessas misteriosas intuições, tentou imaginar que o tempo não era contínuo, mas "organizado em pacotes". Ou seja, ele imaginava que o tempo não fluía continuamente, mas em "saltos". Planck descobriu que, ao fazê-lo, os resultados se tornaram consistentes. Sem saber, e sem acreditar, ele descobriu o quantum: o quantum, na verdade, é a quantidade mínima de tempo, ou seja, a duração de um "pacote de tempo".

Sem o conhecimento de Planck, a física quântica nasceu dessa maneira. O nome tem um significado muito claro: é uma física que não se baseia em um tempo que flui continuamente, mas em um tempo que flui "aos saltos", em que "quanta de tempo" se sucedem.

O grande problema era: entre um quanto e o outro, o que acontece? Existe "tempo" entre um quantum de tempo e o próximo?

Os quanta e o átomo.

O problema ficou evidente quando começamos a estudar o comportamento do átomo em sua estrutura íntima. De acordo com uma representação clássica, desenvolvida por Niels Bohr, o átomo pode ser imaginado como um pequeno sistema solar, composto por um núcleo central (o Sol) e um certo número de elétrons que giram em torno dele (os planetas).

O sistema solar pode existir graças à força da gravidade que força os planetas a girar em órbitas predeterminadas. A intensidade da gravidade que liga Mercúrio ao Sol é muito forte, mas certamente a gravidade que atrai a Terra é mais forte, pois a Terra está mais distante que Mercúrio. De acordo com este critério, a intensidade necessária para manter Plutão ligado é muito maior.

Da mesma forma, existem forças atrativas e repulsivas que ligam os elétrons às suas órbitas ao redor do núcleo. Os elétrons estão ligados por "quanta de energia" variável. Vamos imaginar um átomo com três elétrons. Como exemplo, o mais próximo do núcleo precisa de um quantum de energia. O que está um pouco mais longe precisa de dois quanta. O mais distante tem três quanta de energia para permanecer em órbita ao redor do núcleo.

Por motivos que só eles conhecem, os elétrons têm um comportamento indisciplinado e tendem a saltar de uma órbita externa para uma interna. Vamos imaginar que o terceiro elétron dê um "salto quântico" e vá se colocar na órbita 2, mais interna.

Nesse ponto surge um problema: estando na órbita 3, o terceiro elétron precisava de três quanta de energia. Quando passa na órbita 2, precisa apenas de dois. De fato, se o elétron retiver três quants de energia, isso prejudicaria a harmonia do sistema.

Então o que acontece? Acontece que o elétron "dá" um quantum de energia e só fica com os dois quanta de que precisa. E o que acontece com o quantum de energia perdido? Aquilo que se torna um fóton de luz.

Podemos ver que nos primeiros experimentos de emaranhamento, a forma de obter os dois fótons a serem usados no experimento era exatamente essa: saltos quânticos duplos eram induzidos em um átomo.

O salto quântico.

Agora, vamos nos concentrar em um elétron pulando da órbita três para a órbita dois. Se o universo funcionasse continuamente (como a seta no exemplo), deveríamos ser capazes de seguir toda a trajetória do salto: elétron na órbita 3, elétron em várias posições entre as órbitas 3 e 2, elétron na órbita 2.

Não acontece assim. O elétron está na órbita 3 e logo em seguida na órbita 2, sem cruzar nenhum tempo e nenhum espaço intermediário. No mundo quântico não existe um tempo intermediário, no qual o elétron está a meio caminho entre um lugar e outro. Ou seja, os quanta não são divisíveis.

Como isso é possível?

Primeiro devemos desistir da representação do átomo como um pequeno sistema solar. O átomo é feito de partículas que não são "bolas" ou corpúsculos, mas ondas, vibrações. O átomo é um emaranhado trêmulo e fervilhante de vibrações constantemente agitadas. O elétron não está exatamente em um lugar, mas, em sua forma de onda, ocupa todas as posições possíveis ao longo da onda. Diz-se que o elétron está em estado de superposição: é encontrado simultaneamente em muitos lugares diferentes, o que pode ser descrito por um conceito matemático chamado "função de onda". O evento que move o elétron de uma órbita para outra é um "colapso quântico". Um evento, semelhante a uma observação, faz com que o elétron colapse em uma única posição. O efeito do colapso é que o elétron não aparece mais como uma função de onda, mas como uma partícula. Todas as posições possíveis se concentram em uma. Esse "colapso" não prevê situações intermediárias: o elétron colapsa em determinada órbita proveniente das inúmeras posições proporcionadas por sua função de onda. Já estava presente em todas as órbitas, potencialmente.

Entendendo o universo com dois botões.

"Dois botões para entender o universo. Realidade contínua ou discreta?"

Já nos dois famosos Congressos de Física da Solvay de 1911 e 1913, percebeu-se a necessidade de uma nova constante, que possibilitaria cálculos que de outra forma seriam impossíveis. Assim nasceu uma das descobertas mais surpreendentes relacionadas ao advento da física quântica:

o universo funciona apenas em empurrões. A energia não flui continuamente, mas discretamente. Portanto, Aristóteles acertou: "Uma distância finita não pode ser dividida em frações infinitas como afirma Zenão, porque só é infinita em consideração mental. Na prática, essa distância é composta por partes finitas e pode ser percorrida."

Contínuo ou discreto, do que estamos falando?

Antes de mais nada, será bom ilustrar o significado dos dois conceitos "contínuo" e "discreto". Os dois botões representam isso claramente. Vamos imaginar que são dois botões na nossa cozinha. O manípulo da esquerda pode ser rodado com um movimento contínuo, o que significa que a energia pode ser entregue ao recuperador em qualquer valor entre o início e o fim do curso do manípulo. O da direita, por outro lado, funciona em cliques: isso significa que a energia só pode ser fornecida com base em alguns valores pré-estabelecidos pelo fabricante. No botão à direita, os valores podem ser dispensados discretamente, ou seja, são possíveis incrementos fixos de 5. Portanto, entre 40 e 60 você só pode entregar energia na quantidade 40, 45, 50, 55 ou 60. Com o outro botão à esquerda, em vez disso, você pode estar fornecendo energia continuamente. Isso significa que você pode entregar qualquer valor, por exemplo 40, 41 ou 42. Claro, você também pode entregar qualquer valor entre 40 e 41, por exemplo 40,01, 40,02, etc.

Se o nível de precisão mecânica do dispensador permitir, também poderá entregar valores entre 40,01 e 40,02. Ou seja, se a mecânica permitir, você pode fornecer qualquer quantidade de energia, dividindo o espaço de rotação do botão ao infinito.

Aquiles e a tartaruga.

Os filósofos da antiguidade conheciam esses conceitos. Zenão de Elea é um filósofo grego que viveu no século 5 aC.

Zenão imaginou uma realidade contínua, na qual o tempo também fluía continuamente, e com base nisso elaborou o chamado paradoxo de "Aquiles e a tartaruga".

Aquiles desafia uma tartaruga a correr. Ele corre muito mais rápido que a tartaruga, então ele dá a ela uma vantagem de dez metros, pensando que será capaz de alcançá-la e ultrapassá-la em pouco tempo. Apesar disso, Zenão prova que Aquiles nunca será capaz de alcançar ou superar a tartaruga. O escritor argentino Jorge Luis Borges fornece uma das descrições mais conhecidas desse paradoxo:

> «Aquiles, símbolo da velocidade, deve chegar à tartaruga, símbolo da lentidão. Aquiles corre dez vezes mais rápido que a tartaruga e dá uma vantagem de dez metros. Aquiles corre esses dez metros e a tartaruga corre um metro; Aquiles percorre esse metro, a tartaruga percorre um decímetro; Aquiles percorre esse decímetro, a tartaruga percorre um centímetro; Aquiles percorre esse centímetro, a tartaruga percorre um milímetro; Aquiles percorre esse milímetro, a tartaruga percorre um décimo de milímetro, e assim até o infinito; para que Aquiles possa correr para sempre sem alcançá-la ».

Outro filósofo grego, Aristóteles, fornece uma explicação "metafísica" do paradoxo. Aristóteles admite que tempo e espaço seriam potencialmente infinitamente divisíveis, mas na prática não são. Uma distância finita, que segundo Zenão não pode ser percorrida porque pode ser dividida em infinitas frações, é infinita em consideração mental, mas na prática é composta de partes finitas e pode ser percorrida.

Qual é a realidade?

Na verdade, a explicação de Aristóteles é muito parecida com subir em espelhos e deixa um pouco de amargura na boca, uma sensação de incompletude.

E se Zeno estiver certo? Certamente, Zenão estaria certo se o universo funcionasse continuamente. Na verdade, todos estamos convencidos de que o universo funciona assim. Em nossa experiência diária, todas as coisas nos parecem funcionar continuamente. Enquanto conduzimos o nosso carro sabemos que pressionando mais ou menos o acelerador, o carro se move mais ou menos rápido, sem interrupção: estamos convencidos de que, se o pedal fosse infinitamente sensível, poderíamos variar a velocidade de maneira semelhante. Não podemos conceber que o nosso carro só possa andar a 40, 45 ou 50 km/hora: seria uma forma muito curiosa de proceder!

Mas estamos realmente convencidos de que nosso carro não procede com tiros sucessivos imperceptíveis?

Quando dizemos que "o sol nos banha", imaginamos que seus raios fluem continuamente em nosso corpo, semelhante à água. Não podemos imaginar sua luz e seu calor nos atingindo aos solavancos.

Nossos sentidos nos dizem que este não é o caso. Sim, nossos sentidos. E se nossos sentidos nos enganarem?

O universo funciona em empurrões.

Uma das descobertas mais surpreendentes relacionadas ao advento da física quântica é que o universo funciona apenas aos solavancos. A energia não flui continuamente, mas discretamente. Então, Aristóteles acertou:

> "Uma distância finita não é divisível em frações infinitas, porque é infinita apenas em consideração mental. Na prática, essa distância é composta de partes finitas e pode ser percorrida".

Já nos dois famosos Congressos de Física da Solvay de 1911 e 1913, percebeu-se a necessidade de uma nova constante, que possibilitaria cálculos que de outra forma seriam impossíveis. Ao introduzir essa constante nos cálculos, todos os modelos não resolvidos podem ser rastreados até uma explicação unitária. A constante recebeu o nome do cientista que a introduziu em seus cálculos, Max Planck.

Planck usou essa constante sem entender seu verdadeiro significado, ele o fez apenas porque essa constante tornou plausível sua fórmula sobre a emissão de radiação eletromagnética de corpos escuros.

A constante de Planck assume que a energia presente no universo não é "líquida", mas "granular". Cada grânulo (no momento) não é mais divisível. A quantidade de energia presente em um grânulo é chamada de "quantum de energia" Na verdade, os "grânulos" não existem, são apenas uma definição de conveniência. Existem quanta de energia. A física que estuda o funcionamento do universo no nível dos quanta de energia é chamada de física quântica.

Como matéria e energia são intercambiáveis, de acordo com a conhecida fórmula de Einstein $e = mc^2$, todo o universo é "granular", ou seja, quantizado.

Não percebemos isso porque o valor de um quantum de energia é extremamente baixo. O tempo de Planck é estimado em $5{,}39 \times 10^{-44}$ segundos, e o comprimento de Planck é estimado em $1{,}62 \times 10^{-35}$ metros.

Diferentes níveis de realidade.

O exposto, juntamente com todas as principais descobertas da física moderna, como a teoria da relatividade e a teoria quântica, mostram que o que chamamos de "realidade" é apenas uma visão muito parcial da verdadeira realidade. Na prática, para nós a realidade não é o que realmente existe, mas o que nossos sentidos nos fazem perceber.

Se definirmos a realidade percebida pelos nossos sentidos como "realidade macroscópica", devemos reconhecer que existem outros níveis de realidade que não percebemos, mas nos quais estamos imersos. A realidade relativística se manifesta em dimensões muito grandes, e é uma realidade onde o tempo e o espaço são elásticos. A realidade quântica é uma realidade onde nada mais é certo, mas tudo é apenas probabilístico. No nível quântico, a matéria como a conhecemos não existe mais, existem apenas vibrações energéticas (isso também se aplica aos nossos corpos). Finalmente, a física quântica abre um horizonte em um nível puramente não material, chamado não-localidade. Não há tempo nem espaço aqui, o universo se torna "unus mundus", uma coisa única em que tudo interage como em uma grande mente global.

Richard Wheeler e não-localidade.

"Richard Wheeler e não-localidade. O bilhar quântico onde as bolas chegam antes de partir."

Os fenômenos quânticos ocorrem em um "espaço" chamado não-localidade, ou seja, um espaço que não tem lugar nem tempo. Na não-localidade não há antes e depois, acima ou abaixo, aqui e ali. Os limites físicos do universo newtoniano não existem mais. A não localidade é onde você pode chegar antes de sair, você pode se sentir molhado antes de chover.

Não-localidade é onde você pode chegar antes de sair.

Imagine uma situação. Você está parado em seu carro em um cruzamento. Em algum momento, você recebe um empurrão que o empurra para frente com força. Você manobra o carro por alguns quarteirões, até retornar ao ponto de partida. Nesse ponto, você se encontra parado no cruzamento e dá a si mesmo o empurrão que ligou seu carro pouco antes.

Você não entendeu quem te empurrou? Simples, você se esforçou sozinho. Por causa do empurrão, você tomou um caminho que o trouxe de volta ao ponto em que você poderia se dar o empurrão.

Difícil de entender. Provavelmente nunca vai acontecer com você. Sabemos que o tempo existe e só flui para a frente: portanto, você nunca poderá voltar no tempo para lhe dar o empurrão inicial.

No entanto, foi demonstrado que no nível quântico isso é possível. Uma partícula pode ser empurrada e movida. Depois de ter feito um determinado caminho, ela pode voltar no espaço e no tempo para dar a si mesma o empurrão que a fez iniciar o caminho.

Imagine uma partícula elementar como se fosse uma bola de bilhar. Teríamos super bolas rápidas o suficiente para cruzar a barreira do tempo.

A não localidade.

De fato, os fenômenos quânticos ocorrem em um espaço chamado não-localidade, ou seja, um espaço que não tem lugar nem tempo. Se considerarmos que na não-localidade o tempo não existe, fica fácil entender que na não-localidade ele não existe antes e depois, acima ou abaixo, aqui e ali. Os limites físicos do universo newtoniano não existem mais.

Assim, podemos imaginar a não-localidade como um lugar PSÍQUICO, não FÍSICO. No nível subatômico das partículas elementares, fenômenos psíquicos que a ciência materialista sempre negou ferozmente tornam-se plausíveis. Por exemplo, a premonição do futuro. Se uma partícula pode viajar e voltar para dar a si mesma o empurrão que a iniciou, onde estão o antes e o depois? Que dificuldades haverá em saber PRIMEIRO o que acontecerá a seguir?

Inconcebível, mas possível.

A inversão do ANTES com o DEPOIS é possível no domínio das partículas elementares. Isso é demonstrado por um experimento elaborado pelo físico quântico John Wheeler, chamado de "Experiência de Escolha Atrasada".

Eu pego da Wikipedia:

> "O experimento de escolha atrasada de Wheeler é um conjunto de experimentos de pensamento conceitualmente baseados em uma reformulação do experimento de dupla fenda. Alguns desses experimentos foram realmente realizados em 1978 e 1984.
>
> Esses experimentos tentam estabelecer se os fótons são de alguma forma capazes de "perceber" o aparato experimental usado no curso do experimento de dupla fenda, assumindo um estado consistente com o próprio aparato, ou se sua configuração é a de um estado indeterminado permanente (nem onda nem partícula). Em particular, algumas interpretações da teoria afirmam que cada fóton "decidir de forma autônoma" se deve se comportar como uma partícula ou como uma onda e então, uma vez que entra no dispositivo experimental, pode "mudar" sua configuração ao se comportar de maneira oposta".

A intenção de Wheeler era investigar as condições relacionadas ao tempo em que um fóton faria essa transição entre os estados presumidos. No entanto, ele foi muito claro neste ponto:

> "Uma coisa leva a discussões sobre quando e como o fóton aprende que a configuração experimental está em uma determinada configuração e, em seguida, muda de onda para partícula para atender aos requisitos de configuração do experimento. Essa coisa é a suposição de que um fóton tem alguma forma física antes de ser observado. Em ambos os casos é uma onda ou uma partícula. Na realidade, os fenômenos quânticos não podem ser considerados ondas ou partículas, mas são inerentemente indefinidos até o momento em que são medidos. Em certo

sentido, o filósofo inglês George Berkeley estava certo quando disse que "ser significa ser percebido"

Quem é John Wheeler?

John Wheeler não é um cientista comum. Ele não é nem mesmo um desses estudantes espinhentos que, tendo lido alguns capítulos de um livro de Richard Feynman, acreditam ter entendido tudo sobre física quântica e fazem julgamentos desdenhosos sobre aqueles que não pensam como eles e seus professores materialistas. (a propósito, Richard Feynman foi aluno de Wheeler). Quero documentar a profundidade científica e humana do personagem Wheeler. Quando ele expressa suas teorias, ele tem o que é preciso para ser levado em consideração.

Na década de 1950, colaborou com Tullio Regge em importantes estudos de relatividade geral. De 1938 a 1976 lecionou física na Universidade de Princeton e mais tarde na Universidade do Texas em Austin. Em 1968, o Departamento de Energia dos Estados Unidos concedeu-lhe o Prêmio Enrico Fermi e, em 1997, recebeu o Prêmio Wolf de Física.

Teve como alunos os mais famosos expoentes da física atual, como Richard Feynman, Hugh Everett III, Jacob Bekenstein, Kip Thorne, James Hartle, Charles Misner e outros.

Nos últimos anos de sua longa vida, Wheeler dedicou-se aos aspectos fundamentais da física, tentando definir suas incertezas epistemológicas e filosóficas. Ele morreu em 2008 e está enterrado no Cemitério Fairview em Benson, Vermont. Em 1999, um asteroide foi até dedicado a ele, o 31555 Wheeler.

Não listei esse longo (e parcial) currículo para entediar o leitor, mas para sublinhar a profundidade científica e humana do personagem. Ao abarcar a tese do universo antrópico e integrá-la às suas considerações participativas, tem o que deve ser levado em consideração.

O experimento da dupla fenda.

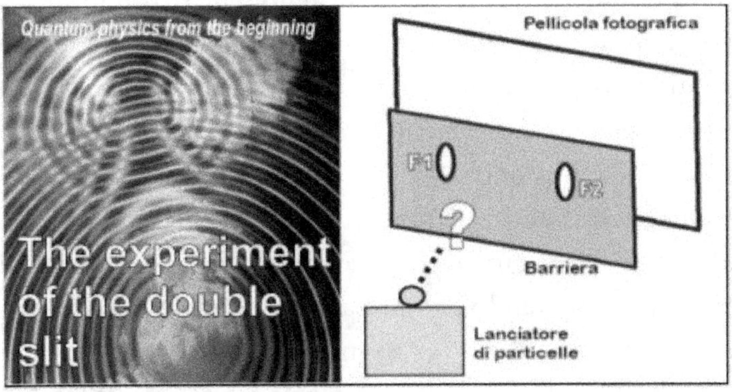

"Física quântica desde o início. O experimento da dupla fenda".

Um dos experimentos mais conhecidos da física quântica (provavelmente o mais conhecido de todos) nos ajudará a entender melhor a natureza das partículas elementares. A primeira versão desse experimento foi realizada há mais de dois séculos, em 1801, por Thomas Young. Posteriormente, o experimento manteve sua dignidade o que o tornou atual em muitas repropostas, atualizadas à medida que a tecnologia possibilitava versões mais atuais. No momento representa uma das principais chaves para a compreensão da física quântica e fenômenos relacionados.

O experimento não é conceitualmente complicado. Pode ser entendido por qualquer um, desde menino, que gostava de jogar pedras na água para ver os típicos círculos concêntricos se formando.

Exemplo do experimento.

Imagine colocar uma barreira robusta à nossa frente, equipada com um buraco que, por relevância para a terminologia do experimento, chamamos de fenda. A fenda é grande o suficiente para permitir a passagem de uma pedra lançada em sua direção. Logo atrás da barreira colocamos uma folha fina para que, ao ser atingida por uma pedra, a deforme, deixando a marca do impacto.

Neste ponto, vamos nos afastar alguns metros e jogar quantas pedras quisermos. Cada pedra que passa pela rachadura e atinge a tela do receptor produz um único amassado. Se abrirmos uma segunda fenda na barreira, os lançamentos bem-sucedidos passarão por uma ou outra fenda e produzirão amassados na tela do receptor em correspondência com a fenda cruzada. Em resumo, podemos entender que a barreira foi atravessada por balas sólidas únicas simplesmente observando os amassados produzidos na tela atrás.

Agora vamos para a segunda parte do experimento. Mergulhamos a barreira com uma fenda e a tela receptora em um recipiente contendo água, de modo que a fenda fique semi-submersa.

Desta vez não vamos atirar nossa pedra diretamente na fenda, mas na água, a alguma distância da barreira. A pedra produzirá os típicos círculos de água que todos conhecemos; estas irão se propagar em direção à barreira, cruzar a fenda e ressurgir no lado oposto, formando novas ondas de propagação que serão bloqueadas pela tela do receptor.

Agora vamos imaginar abrindo uma segunda rachadura na barreira semi-submersa e jogando outra pedra. Os círculos de água criados pela única pedra, propagando-se em frente à barreira, cruzarão ambas as fendas. Emergindo na parte de trás destes, eles produzirão dois novos círculos de água que, propagando-se novamente, interferirão um no outro pela soma.

Do que foi dito até agora podemos tirar algumas conclusões simples:

- Atirando "balas" em direção à barreira de duas fendas, eles passarão por uma fenda ou outra. No entanto, eles só passarão por uma rachadura. Podemos verificar isso olhando para os amassados na tela do receptor.

- Jogando uma única pedra na água em direção à barreira de duas fendas produziremos um único grupo de círculos que passará por ambas as fendas, produzindo na parte de trás da barreira dois novos grupos de círculos que se unirão para formar a soma dos dois círculos, chamados de "figura de interferência".

Assim, vimos a diferença que se produz jogando uma pedra diretamente ou empurrando uma onda: atirar pedras produz mossas, enquanto, ao lançar ondas de propagação, são produzidas figuras de interferência.

Sobre a natureza da luz.

Ao tentar entender se a luz era feita de partículas ou ondas, alguém imaginou lançar clarões de luz em um aparelho como o que acabamos de descrever para verificar quais efeitos seriam produzidos na tela do receptor, se "amassados" ou "interferência". Thomas Young tentou. Ele era um cientista britânico nascido em Milverton em 13 de junho de 1773.

Na física, ele é conhecido por seus trabalhos no campo da óptica, pois foi autor de uma pesquisa sobre o dualismo onda-partícula. Ele também foi responsável pela descoberta do fenômeno da interferência na luz. De fato, em 1801 Youn concebeu o experimento da fenda dupla.

A diatribe sobre a luz começou com Newton considerando-a de natureza corpuscular. Mais tarde, a hipótese de Newton foi contestada. Consequentemente, em 1801 Young projetou e realizou seu experimento. Ele enviou feixes de luz em direção a uma barreira que tinha dois buracos. Na parte de trás da barreira, na tela receptora, obteve um padrão de interferência, concluindo que a barreira havia sido atravessada por ondas e não por corpúsculos, e confirmando a natureza ondulatória da luz. Mas a luz é realmente uma onda?

Dualidade de partículas.

No início do século XX, começaram a surgir dúvidas relacionadas aos estudos de Planck sobre corpos negros e sobre alguns aspectos destacados por Einstein quanto ao comportamento do fóton, que muito se assemelhava a uma partícula se fosse estudado no efeito fotoelétrico.

Em 1916, o americano Robert Millikan levantou a hipótese da existência do fóton como partícula, como mais tarde foi confirmado pela descoberta do efeito Compton em 1922. Isso criou um grande problema na física, pois a luz parecia possuir um misterioso dualismo que a fazia parecer como uma onda ou como uma partícula em diferentes experimentos.

Em 1924, o físico e matemático francês Louis de Broglie formulou a hipótese de que não apenas os fótons, mas todos os corpos materiais, e particularmente todas as partículas, também possuíam as propriedades físicas típicas das ondas. Essa hipótese logo encontrou confirmação experimental e deu um impulso fundamental ao desenvolvimento da mecânica quântica. A prova experimental da dualidade onda-partícula foi obtida em 1927 por Clinton Davisson e Lester Germer, nos Laboratórios Bell nos EUA. Feixes de partículas foram usados para realizar experimentos de interferência com duas fendas, assim como Young havia feito. Esses cientistas dispararam um feixe de elétrons em um cristal de níquel e observaram padrões de difração na tela do detector.

O experimento da dupla fenda foi realizado pela primeira vez na forma moderna usando elétrons em 1961, por Claus Jönsson na Universidade de Tübingen, em Baden-Württemberg, na Alemanha. Foi então repetido em 1974 no Instituto LAMEL do CNR em Bolonha por Pier Giorgio Merli do LAMEL e por Gian Franco Missiroli e Giulio Pozzi, ambos do Departamento de Física da Universidade de Bolonha.

O Instituto LAMEL dispunha de um microscópio de última geração, um Siemens Eliskop 101. O microscópio era usado tanto como interferômetro quanto como fonte de elétrons que passavam um de cada vez por um duplo prisma eletrônico para depois serem enviados para uma chapa fotográficaa.

Descrição do experimento com o lançamento de um fóton.

Agora queremos considerar em detalhes o experimento em sua versão clássica moderna, baseada no lançamento de fótons únicos, ou quanta de luz. Imaginemos, portanto, um único lançador de fótons, uma barreira com uma ou duas fendas e uma tela traseira composta por uma sala escura contendo um filme fotográfico que ficará impressionado com os fótons recebidos, pois são fontes de luz.

Vamos começar com uma barreira com apenas uma fenda. Os fótons que passam pela fenda marcam um ponto no filme fotográfico, sinal claro de que se comportaram como partículas. Até agora nada de extraordinário; os fótons se comportam como nossas pedras, e o experimento sugere que os fótons são partículas.

O próximo passo é jogar APENAS UM FÓTON em direção a uma barreira com DUAS fendas. . A questão é qual das duas fendas ela cruzará?

Esperamos que o fóton, atravessando uma ou outra fenda, deixe o sinal de um impacto atrás de uma ou outra fenda.

Não é assim. Esse ÚNICO fóton passa por AMBAS as fendas.

De fato, na frente de uma única fenda o fóton se comporta como uma partícula, enquanto na frente de duas fendas o fóton se comporta como uma onda e passa por ambas.

No primeiro caso, a confirmação é dada pelos pontos luminosos únicos que aparecem no filme fotográfico. No segundo caso, aparecem barras escuras e claras, ou seja, a figura de interferência. Esta figura surge da onda que atravessa ambas as fendas e cria duas ondas. Na saída, as duas ondas se somam algebricamente e as barras escuras ou claras representam o resultado.

Dualidade de partículas elementares.

Uma primeira consideração que pode ser feita é que os fótons (mas não apenas, a propriedade é comum a todas as partículas elementares) se comportam, conforme o caso, como partículas ou como ondas, no sentido de que são partículas e ondas ao mesmo tempo. Tempo. Isso torna possível que um único fóton passe pelas duas fendas ao mesmo tempo.

Mas as surpresas ainda não acabaram. Vamos imaginar que o experimentador decida verificar a passagem do fóton pela fenda, partindo do princípio de que em qualquer caso o fóton é uma partícula, e deve passar em algum lugar.

Assim, o experimentador coloca um instrumento logo além de uma das duas fendas para ver se aquela ou aquela está sendo cruzada. A ferramenta detectará a passagem.

Bem, neste caso, ou seja, quando há um instrumento de medição no sistema, algo incrível acontece, quase como se o fóton se recusasse a cooperar.

Embora as fendas abertas sejam duas, ela só cruza a que está equipada com o instrumento, e vai imprimir um ponto na tela atrás dele.

Mas se o instrumento for removido, o fóton volta a se comportar como uma onda. Na prática, o fóton desafia o experimentador mostrando que ele é um mistério insolúvel.

Leon Max Lederman Físico americano, escreve em seu livro Quantum Physics for Poets:

> "Parece que um único elétron, como que por mágica, passa pelas duas fendas ao mesmo tempo se ninguém o observar, enquanto escolhe um caminho possível se

alguém ou algo olhar para ele! Isso é possível porque os elétrons não são partículas nem ondas: são outra coisa, completamente nova. As partículas são "estados quânticos"

As partículas têm capacidades precognitivas?

Do experimento da dupla fenda podemos tirar conclusões que deixarão atônitos até os físicos mais experientes, e que provavelmente se relacionam mais com a filosofia da física do que com a própria física.

Imaginemos por um momento que o fóton tem consciência própria e é capaz de "decidir" seu comportamento nas diversas situações em que está envolvido.

Na prática nos perguntamos: quando um fóton é lançado em direção à barreira, como ele sabe se terá uma ou duas fendas abertas?

Porque, de fato, o fóton só deve saber disso depois de ter cruzado a barreira; aparentemente, porém, ele sabe disso antes, tanto que consegue se oferecer à própria barreira na forma de uma partícula ou onda antes que a travessia tenha ocorrido.

Não somente; o fóton primeiro sabe se as fendas são monitoradas por um instrumento para verificar sua passagem. Portanto, mesmo na presença de duas fendas abertas, se houver um instrumento escondido atrás de uma fenda, o fóton se comporta como uma partícula e só passa por aquela com o instrumento.

Nos brevíssimos momentos de sua existência entre o momento em que é lançado e o momento em que encontra a barreira, o fóton adquire conhecimento do que o espera: se encontrará uma ou duas fendas, e se estas são monitoradas ou não.

Como o fóton não tem mente nem consciência, devemos nos perguntar de onde vem seu "saber antes" do que o espera em seu futuro imediato. O título provocativo deste capítulo, sobre as habilidades precognitivas do fóton, sugeriria que elas realmente existem.

Eu vou dar duas respostas. A primeira é uma resposta metafísica, portanto não demonstrável.

Provavelmente sim. O fóton sabe porque faz parte de uma sabedoria universal, um conhecimento que conecta todo o cosmos. O fóton sabe porque todo o cosmos sabe, e esse conhecimento não tem limites de tempo, espaço ou tamanho. O fóton não "sabe antes", apenas sabe. Ele não sabe devido ao fato de que a barreira está próxima no espaço, ele saberia mesmo que estivesse nos limites externos do universo. O fóton sabe por que faz parte de uma sabedoria cósmica universal colocada além de todos os limites e além de qualquer restrição determinada pela matéria. Seu conhecimento é informação e inteligência em um nível puramente psíquico ou espiritual. Esse único fóton, e todas as outras partículas no universo, não predizem, apenas sabem.

A segunda resposta é mais consistente com as hipóteses científicas atuais.

O comportamento da matéria no nível quântico não é previsível ou mensurável, é probabilístico. Neste contexto (chamado de não-localidade) as certezas presentes ao nível da nossa percepção (tempo, espaço, causalidade dos acontecimentos) tornam-se irrelevantes. Provavelmente neste nível os conceitos de antes e depois não fazem sentido, assim como não faz sentido perguntar o que existia antes do Big Bang ou antes do início dos tempos. De fato, existem estudos (veja o experimento de escolha retardada de Richard Wheeler) segundo os quais uma partícula, uma vez lançada, poderia se comportar de maneira a determinar seu próprio lançamento.

A localidade de Albert Einstein e a não localidade quântica.

"A localidade de Albert Einstein e a não localidade quântica".

Se há algo que pode perturbar um suíço, nascido na terra que é, por definição, o lar dos relógios, é a falta de precisão. E se essa pessoa está envolvida em um trabalho metódico, como o de um funcionário de um escritório de patentes, e é um físico teórico em seu tempo livre, podemos entender sua decepção quando as coisas não funcionam como deveriam.

Estamos falando de Albert Einstein, que em toda sua carreira científica encontrou apenas uma coisa que realmente o irritou: a indeterminação quântica. Einstein odiava sinceramente a falta de disciplina das partículas elementares por sua característica de ambiguidade indescritível. Ele odiava o fato de que as partículas se recusavam a permitir que sua posição no espaço e sua velocidade fossem medidas ao mesmo tempo.

Tudo isso foi de fato um tapa, uma zombaria das boas e sólidas regras da física newtoniana, nas quais Einstein baseou sua teoria mais conhecida, a da relatividade.

As leis newtonianas são graniticamente baseadas no princípio da causalidade, também conhecido como determinismo. O universo é feito de matéria, e no reino da matéria nada acontece por acaso, tudo acontece como consequência de outros eventos. A matéria atrai-se e repele-se, colide, desloca-se ou permanece imóvel, à custa da energia.

Apenas uma certa energia, aplicada a uma matéria, dá origem a uma ação ou a uma cadeia de ações.

Imagine uma bola bem colocada na área de pênalti, esperando um jogador lançá-la em direção ao gol. Você acha possível que essa bola seja lançada sozinha em direção ao gol do adversário, sem receber o chute do jogador responsável?

Imagine um golfista se preparando para acertar a bola para jogá-la em direção ao buraco. Você não acha que esse jogador, aparentemente impassível, será atormentado por centenas de elaborações mentais para calcular com a máxima precisão que força e que ângulo dar à bola para direcioná-la para o gol? Na verdade, nada acontecerá por acaso: a bola atingirá exatamente o ponto correspondente ao impulso recebido. O sucesso do arremesso dependerá apenas da precisão dos cálculos do arremessador e de quão bem ele foi capaz de transferi-los para o braço. Nunca acontecerá que uma bola, uma vez que chegou com base em cálculos a apenas um milímetro da borda do buraco, decida por iniciativa própria se lançar um pouco mais longe. Tampouco acontecerá que os gritos e os impulsos da platéia a empurrem para um caminho mais preciso.

Sabemos calibrar nossa energia para obter os resultados desejados, pois sabemos que os objetos responderão com absoluta precisão aos nossos "comandos".

Para isso podemos lançar sondas ao espaço fazendo-as pousar precisamente nos locais estabelecidos, sejam eles na Lua, em Marte ou mesmo num cometa, como aconteceu com a missão Rosetta da Agência Espacial Europeia que aterrou uma sonda em 67P / Churyumov-Gerasimenko, uma pequena pedra vagando a milhares de quilômetros de distância no espaço

A causalidade está subjacente a todas as coisas.

Em 1950 Alan Turing escreveu em seu livro "Calculando máquinas e inteligência":

> "O deslocamento de um único elétron por um bilionésimo de centímetro, em um determinado momento, pode significar a diferença entre dois eventos muito diferentes, como a morte de um homem um ano depois, devido a uma avalanche, ou sua salvação".

Na física existe um princípio, chamado localidade, segundo o qual objetos distantes não podem ter uma influência instantânea uns sobre os outros: um objeto é influenciado diretamente apenas por uma força colocada em sua vizinhança imediata. É necessário levar em conta o enfraquecimento da força da gravidade à medida que a distância aumenta. Além disso, um sinal enviado de qualquer forma para um objeto distante levaria tempo para superar a distância, e a velocidade não poderia ultrapassar 300.000 quilômetros por segundo, que é a velocidade da luz.

Einstein ficou muito preocupado quando sinais de relações não locais entre partículas elementares começaram a chegar da física quântica.

Os problemas que mais o desconcertavam eram aqueles colocados pelo princípio da incerteza de Heisenberg. Este princípio, enunciado em 1927 por Werner Heisenberg, representa um conceito cardinal da mecânica quântica e constitui uma ruptura irreparável em relação às leis da mecânica clássica.

Heisenberg mostrou que não é possível conhecer duas variáveis conjugadas ao mesmo tempo e com precisão, por exemplo, a posição precisa de uma partícula e seu momento, ou velocidade.

Isso contrastava consideravelmente com os requisitos de ordem da física clássica, com os quais podemos calcular qualquer coisa se soubermos os valores iniciais. Para calcular a trajetória de uma cápsula espacial ou de uma bola de bilhar, preciso saber exatamente onde ela começa, que impulso recebe e a que velocidade se move.

Na física quântica, esses valores nunca estão disponíveis ao mesmo tempo.

Se medirmos simultaneamente a posição e o momento de uma partícula, os valores obtidos são absolutamente incertos. Essa incerteza não deriva de técnicas de medição, mas é consequência da realidade quântica que é probabilística.

O probabilismo se expressa muito bem se voltarmos a considerar o experimento da dupla fenda: um fóton lançado contra a barreira com duas fendas tem a probabilidade de cruzar uma ou outra, portanto cruza ambas. Somente o observador pode recolher os vários estados probabilísticos em um único ponto. Em uma situação não observada, todos os estados probabilísticos existem.

Falando em probabilismo quântico, Einstein pronunciou a famosa frase:

> "É difícil dar uma olhada nas cartas que Deus tem na mão, mas não posso acreditar nem por um momento que ele esteja jogando dados"".

Emaranhamento quântico.

A realidade quântica não respeita os critérios de localidade da física clássica, por isso é chamada de não-local. No domínio não-local há eventos e manifestações que não sofrem as restrições típicas do domínio local: não são limitados nem pelo tempo nem pela distância. Neste domínio não há ontem e hoje, antes e depois, mas apenas "agora e sempre". Da mesma forma, não há alto e baixo, perto e longe, mas apenas "aqui e em toda parte".

A confirmação mais clara da existência do domínio não-local nos é dada por um dos experimentos mais conhecidos da física quântica, o realizado por Alain Aspect, pesquisador francês, em 1982. Esse experimento confirmou a teoria do emaranhamento quântico. Ao mesmo tempo, o experimento Aspect pôs fim a um período muito longo de disputas que viram protagonistas, por um lado, Niels Bohr, diretor do grupo de estudos conhecido como Escola de Copenhague, e, por outro, Albert Einstein.

A característica mais surpreendente e intrigante das partículas subatômicas é a capacidade de trocar informações umas com as outras instantaneamente. Na prática, a informação não atravessa um espaço físico para conectar as duas partículas, ou seja, não completa um caminho entre uma e outra. O nível não-local é puramente psíquico, e trocar informações é como trocar pensamentos.

Emaranhamento é um termo em inglês que significa "entrelaçamento". Inicialmente queria representar o entrelaçamento que se estabelece entre duas partículas "relacionadas", ou seja, nascidas de um mesmo evento. Hoje, a essa altura, também pode se referir a milhões de partículas correlacionadas em laboratório. Não podemos deixar de observar que se considerarmos o universo como um grande laboratório, então o Big Bang pode ter correlacionado todas as partículas que lhe pertencem em sua explosão criativa.

O problema que assombra a física clássica não é tanto que se estabeleça um emaranhado, mas que esse emaranhado derrube todas as suas leis, ou seja, os pilares em que se baseava até algumas décadas atrás.

A física clássica, entre outras coisas, estabelece que:

- A realidade é causal e mecanicista: toda ação é a reação de uma ação anterior e a causa de ações posteriores.
- O limite da velocidade da luz não pode ser excedido.
- Cada força (gravitacional, magnética, etc.) diminui em função da distância.
- A seta do tempo estabelece uma hierarquia rígida na evolução de cada evento. O que acontece antes é a causa do que acontece depois e o inverso nunca acontecerá.

No nível das partículas elementares, nenhuma dessas regras se aplica mais.

Partimos do fato de que as duas partículas correlacionadas (emaranhadas), como quer que as criemos, têm spins opostos: uma tem spin meio negativo e a outra metade positiva.

Se um dos dois inverte o giro, o outro também o inverte, não imediatamente, mas simultaneamente, a qualquer distância do universo. Então:

- O limite de velocidade da luz não se aplica mais.
- O princípio de que as forças enfraquecem em função da distância não se aplica mais.
- Como não há diferença de tempo entre a inversão das duas partículas, a seta do tempo não é mais válida e não há causalidade.
- A primeira confirmação prática veio no experimento realizado por Alain Aspect em 1980-1982 e confirmado centenas de vezes depois.

Tudo é um na dimensão não local.

Mas sobretudo: como uma partícula, mesmo colocada a uma distância astronômica, sabe que a outra vai mudar? Como ela pode saber não depois de ter mudado, mas ao mesmo tempo? Através de que campo a informação entrelaçou as duas partículas?

É preciso hipotetizar um campo, ou seja, um espaço imaginário, feito não mais de matéria, mas apenas de informação. Na verdade, um espaço psíquico.

É o mesmo espaço que Platão chamou de Mundo das Ideias e que Carl Jung mais tarde chamou de Inconsciente Coletivo?

Este é o espaço chamado não-localidade, porque não pode ser colocado em nenhum lugar, mas está em todos os lugares. Ele conecta todo o universo, de modo que cada parte dele está imersa nesse nível de energia e informação e se torna uma única energia e uma única informação.

Deste nível não-local, onde não há espaço nem tempo, todas as informações do universo sob a forma de arquétipos fluem para nossas consciências. Da mesma forma, da não-localidade, fluem as sincronicidades que geram todas as curiosas coincidências de que somos protagonistas, os pressentimentos, as janelas abertas sobre os espaços do espírito.

O ano dourado da física quântica.

"1927: O ano dourado da física quântica".

1927 é o ano em que o princípio da incerteza e o princípio da complementaridade reescreveram completamente a física do universo. Começa a era em que nada é certo, tudo é apenas provável.

A escola de Copenhague.

A partir de 1921, Niels Bohr dirigiu o Instituto de Física Teórica da Universidade de Copenhague durante grande parte de sua vida. Este Instituto foi o ponto de referência para os físicos teóricos nas décadas de 1920 e 1930. Dentro deste Instituto, desenvolveram-se estudos sobre física quântica, que são atualmente considerados o "corpus" mais credível sobre o assunto.

O instituto chefiado por Bohr, que foi chamado de "Escola de Copenhague", forneceu a primeira interpretação dos fenômenos quânticos. Hoje essa interpretação ainda é a mais difundida. É uma interpretação que se inspira nos trabalhos realizados na capital dinamarquesa principalmente por Niels Bohr e Werner Heisenberg por volta de 1927. Esses trabalhos dizem respeito a aspectos como a realização de medições no campo quântico, o princípio da complementaridade e o dualismo onda-partícula.

Princípio da incerteza de Heisenberg.

Como parte da Escola de Copenhague, o físico Werner Heisenberg formulou, em 1927, o princípio conhecido como "princípio da incerteza", publicando-o em um famoso artigo na revista "Zeitschrift für Physik".

O princípio de Heisenberg envolve, sem dúvida, uma das revoluções mais desconcertantes do conhecimento humano, e tem sido motivo de discussão ao longo do século XX.

De acordo com este princípio, na "realidade" existem quantidades que são correlacionadas entre si (chamadas "conjugadas") que nunca podem ser conhecidas exatamente ao mesmo tempo. Se eu medir uma quantidade, não posso medir com precisão a outra.

Tomemos um exemplo que diz respeito à física clássica. Na física clássica podemos conhecer a qualquer momento todas as medidas de um objeto, altura, largura, comprimento, volume, peso, e também podemos conhecer sua velocidade e sua trajetória se o objeto se mover.

Essa possibilidade de medição é a base dos conceitos de causalidade e determinismo, tão caros à física clássica. Cada evento tem uma CAUSA, pois é DETERMINADO por outro evento. Se eu souber a causa, posso calcular o efeito. Desta forma calculo a trajetória de uma bala para saber em que ponto ela vai atingir ou calculo a viagem de uma nave espacial para saber quando e onde ela vai pousar. Só preciso saber alguns valores, como a massa do objeto, sua forma e o empuxo que recebe.

O que há de diferente no princípio de Heisenberg?

Se o princípio da incerteza de Heisenberg fosse aplicável à realidade macroscópica, isso significaria saber a altura de uma caixa de sapatos, mas não sua largura. Ou significaria conhecer seu peso, mas não sua profundidade.

Na física subatômica é exatamente isso que acontece. Não podemos saber a posição de uma partícula e sua velocidade ao mesmo tempo, ou vice-versa. Se medirmos um valor, a medição do outro é absolutamente incerta. Portanto, na física quântica CAUSALIDADE e DETERMINISMO não são mais conceitos válidos.

Em seu desenvolvimento matemático, o princípio de Heisenberg tem implicações ainda mais desconcertantes quando argumenta que as partículas podem vir a existir "do nada", ou seja, na ausência da energia necessária para sua criação. Essas partículas são produzidas a partir de indeterminações de energia, usando uma "energia temporária" extraída do vácuo. No entanto, imediatamente depois a energia é "devolvida" e as partículas desaparecem. São criações efêmeras chamadas "partículas virtuais". Essas partículas não podem ser observadas, mas deixam um rastro de sua existência nos níveis de energia dos átomos.

Esses traços foram realmente medidos. Algo semelhante acontece quando o agente de uma infecção desaparece do corpo doente, mas os anticorpos permanecem para atestar que a infecção estava lá.

Princípio da complementaridade de Niels Bohr.

No mesmo ano de 1927, Bohr participou do Congresso Internacional de Físicos, realizado em Como, na Itália, por ocasião do centenário da morte de Alessandro Volta.

Durante essa conferência Bohr enunciou o "princípio da complementaridade". Segundo este princípio, todos os fenômenos físicos apresentam, no nível atômico ou subatômico, um duplo aspecto, corpuscular e ondulatório. Qualquer tentativa de destacar um dos dois aspectos impede que o outro seja destacado.

É difícil dar um exemplo válido na física clássica. Vamos imaginar uma carta de baralho, o ás de copas. Podemos ver o papelão retangular e o desenho do ás sobrepostos ao papelão ao mesmo tempo. Para cada carta do baralho podemos ver a forma e o design. A carta de baralho é forma e figura ao mesmo tempo.

O que há de diferente no princípio de Bohr?

Se aplicássemos o princípio da complementaridade ao papel, só poderíamos ver um aspecto de cada vez. Se nos concentrássemos na forma retangular, a figura do ás seria uma nuvem evanescente, uma nuvem de fumaça dispersa no ar. Por outro lado, se quiséssemos focar a atenção na figura do ás, o papelão se tornaria uma forma indefinida, incorpórea e impalpável.

Um objeto subatômico, por exemplo, um fóton, é uma onda e uma partícula ao mesmo tempo, mas não podemos observá-lo nos dois estados ao mesmo tempo. Os dois aspectos, corpuscular e ondulatório, são complementares e ao mesmo tempo mutuamente exclusivos, de modo que a observação de um exclui a do outro.

Probabilismo.

O princípio da complementaridade de Bohr e o princípio da incerteza de Heisenberg representam a síntese da física quântica. Não há representação causal de fenômenos quânticos no espaço e no tempo. As quantidades de energia e momento, subjacentes à causalidade da física clássica, não podem ser medidas com precisão suficiente. A teoria quântica nega a causalidade e o determinismo e introduz um novo argumento, o probabilismo. No reino quântico, nada é certo, tudo é provável. No nível quântico, o pedaço de papel em que você está lendo essas palavras não é um objeto sólido, é uma sopa borbulhante de partículas agitadas frenéticas. Seus sentidos fazem você perceber as partículas como se fossem ordenadas a formar uma página escrita, mas não confie nelas. É uma ilusão.

Ligações gêmeas e fascinação quântica.

"Ligações gêmeas e fascinação quântica".

A física quântica prevê ligações extraordinárias entre duas partículas relacionadas (nascidas do mesmo evento). Estes teriam a propriedade de comunicar uns com os outros sem os limites da física clássica. Tem alguma coisa a ver com as comunicações "além do espaço e do tempo" de muitos casais gêmeos?

Comunicações "psíquicas" incríveis.

Ross e Norris McWhirter nasceram em 12 de agosto de 1925 na Irlanda e em 1950 ambos se tornaram jornalistas esportivos. Um certo Sir Hugh Beaver teve uma discussão, durante uma expedição de caça, sobre qual pássaro era mais rápido para escapar dos caçadores; ele então decidiu escrever um livro que relatasse todos os recordes mais interessantes e encarregou os gêmeos McWhirter de escrever a primeira versão do Guinness Book of Records, pois eram especialistas em atletismo. O livro foi lançado pela primeira vez em 1955. Mas não é por isso que os autores nos interessam. Aliás, os gêmeos foram os protagonistas de uma história muito mais sensacional, confirmada por muitos depoimentos. Em 27 de novembro de 1975, Ross foi morto por motivos políticos pelo IRA irlandês, com dois tiros na cabeça, disparados por um revólver calibre 357.

No mesmo instante, seu irmão Norris, que estava com alguns amigos a 40 quilômetros de distância, balançou a cabeça entre as mãos, denunciando uma dor excruciante como se ele também tivesse sido atingido.

Este fato é tão conhecido que chega a ser noticiado pelo site do CICAP (Comitê Italiano para o Controle de Alegações sobre Pseudociência) que não o nega, pelo contrário, o define como "decididamente sensacional". Apesar disso, a CICAP não desiste de buscar explicações bizarras para justificar o fato.

Eu relatei este exemplo porque é conhecido e bem documentado, então ninguém poderá dizer que é uma invenção. No entanto, todos sabem muito bem que tais fatos, ou seja, comunicações de humores ou participação em eventos particularmente emocionais podem ocorrer entre gêmeos com bastante frequência, superando todas as barreiras de espaço e tempo que a física clássica impõe.

Porque fatos como esses são negados pela ciência.

A partir de 1700, a ciência desenvolveu uma orientação materialista muito clara, de modo que não existe nada que não possa ser pesado, medido e reproduzido em laboratório. Portanto, as supostas comunicações imediatas entre pessoas a quilômetros de distância, sem o auxílio de meios técnicos, seriam pura fantasia, ilusão ou fruto de superstição.

A ciência tem boas razões para pensar assim. Entre as premissas obrigatórias estabelecidas a partir de Newton, por exemplo, existem algumas muito significativas:

- O DETERMINISMO. Nada acontece sem uma causa. As bolas em uma mesa de bilhar não se movem sozinhas. Se uma bola recebe um empurrão, ela pode se mover e empurrar outra, caso contrário, permanece imóvel. É possível mover um objeto apenas aplicando uma energia, certamente não é possível movê-lo com a força do pensamento. Além disso, sempre para a ciência materialista, o pensamento é apenas o produto residual das reações químicas que ocorrem no cérebro, de modo que nunca poderia "sair" nem agir fora do crânio.

É claro que, do ponto de vista físico, a dor de Norris NÃO PODE SER consequência da morte de Ross, pois nenhum mediador físico transmitiu energia entre os dois, considerando a distância e o imediatismo.

- A SETA DO TEMPO. Tudo acontece numa sequência temporal que prevê um antes e um depois. Mesmo quando dois fenômenos estão relacionados, eles não podem ocorrer ao mesmo tempo, porque leva tempo entre a AÇÃO e a REAÇÃO.

Gêmeos só poderiam se comunicar se de repente as leis da física clássica não fossem mais válidas.

Se houvesse um nível do cosmos em que as regras da física clássica não fossem mais válidas, então seria concebível a transmissão de informações, sensações e experiências entre gêmeos, ou mesmo entre pessoas ligadas por fortes laços afetivos, como mães com filhos ou casais particularmente unidos.

Em uma área não sujeita ao DETERMINISMO, dois eventos também podem ocorrer simultaneamente em locais diferentes, não sendo mais necessário que um seja a causa do outro. A dor de Norris não seria A CONSEQUÊNCIA, mas a partilha da morte de Ross.

Neste ponto, devemos nos perguntar se essa área do cosmos existe. Até algumas décadas atrás parecia que não, até que o fenômeno, típico das partículas elementares, conhecido como emaranhamento (entrelaçamento quântico) foi experimentado e confirmado.

Partículas que se comunicam sem os limites da física

clássica.

O fenômeno foi confirmado em 1982 ao verificar o comportamento de duas partículas elementares correlacionadas, ou seja, nascidas de um mesmo evento, assim como acontece com dois gêmeos humanos. Posteriormente, no entanto, o fenômeno também foi confirmado para milhões de partículas.

Podemos explicá-lo sem recorrer a fórmulas matemáticas, mas com um exemplo simples.

Para obter duas partículas correlacionadas, digamos dois fótons, agimos sobre um átomo. Os dois fótons obtidos são complementares, ou seja, para dar um exemplo muito imaginativo, mas compreensível, podemos dizer que um é masculino (chamamos-lhe Antonio) e o outro é feminino (chamamos-lhe Maria).

Mantendo Antonio aqui, movemos Maria e a colocamos a uma distância de cem anos-luz. Depois nos dedicamos a Antonio e o fazemos mudar de sexo: o fóton Antonio torna-se Antonietta.

AO MESMO TEMPO, a cem anos-luz de distância, o fóton Maria também muda de sexo e se torna Mário.

A pergunta de um milhão de dólares.

Quem disse a Maria que Antonio estava mudando de sexo, para que ela também pudesse mudar ao mesmo tempo?

Tudo indica que a informação viajou entre os dois superando todos os limites da física clássica: o determinismo, a flecha do tempo e a velocidade da luz.

Gostamos, portanto, de pensar que a informação viajou por um mediador não-físico, portanto psíquico. As duas partículas dialogaram entre si no contexto de uma inteligência cósmica que está além do tempo e do espaço.

Algumas considerações finais.

Primeiro: todas as partículas do universo estão correlacionadas, pois todas nasceram do grande evento inicial do Big Bang.

Segundo: nós também somos feitos de partículas.

Terceiro: existe um nível cósmico onde o tempo e o espaço não exercem mais sua influência e as partículas podem trocar informações e se comunicar sem limites, então até fenômenos como a empatia entre gêmeos se tornam possíveis. Sem excluir outras formas de percepção extra-sensorial.

Adendo a "Liberdade. Além da fronteira". Na Luz.

"Poesia de luz. A luz também ilumina a física quântica".

Reflexões sobre a luz em "Liberdade. Além da fronteira", uma transmissão conduzida por Roberto Giacobbo na Rete 4 da TV italiana. De fato, a luz tem uma enorme quantidade de aspectos que vão além da fronteira.

Alguns flashes de metafísica.

Acompanhei com prazer o terceiro episódio de "Freedom. Oltre il confine "conduzido por Roberto Giacobbo na Rete 4, como costumo fazer com suas transmissões desde o final dos anos 90.

Neste terceiro episódio achei a curta entrevista com Vittorio Storaro sobre a luz particularmente intrigante. De fato, a luz tem uma enorme quantidade de aspectos que vão além da fronteira, a começar por sua natureza investigada pela física quântica, especialmente se "iluminada" por algum flash da metafísica.

A luz nos permite ver, ou seja, investigar e observar.

Sabe-se que na física quântica o observador (aquele que olha) também se torna o criador da realidade.

A este respeito, podemos recordar a história bíblica da criação: primeiro, vendo que a terra era informe e coberta de trevas, Deus criou a luz e depois "... Ele viu que era bom". Parece que o próprio criador precisa de luz para VER a bondade de sua criação.

Na física quântica o papel de quem "vê", ou melhor, "observa", é surpreendente. Na verdade, é o observador que cria a realidade. Com esta afirmação ainda não entramos no campo da metafísica, ainda estamos com os pés firmemente plantados no da física.

A experiência de Thomas Young.

De acordo com o experimento de Thomas Young repetido nos últimos anos, "jogando" um quantum de luz, que é um fóton, contra uma barreira com duas fendas, esse único fóton passa pelas duas fendas. De fato, deixa a marca da passagem pelas duas fendas. O sinal da passagem pode ser visto na tela de controle localizada atrás da barreira.

Se jogarmos aquele fóton em uma barreira com dez fendas, ele passará por todas as dez.

No entanto, se colocarmos um instrumento em qualquer fenda que controle sua passagem, o fóton cruzará apenas o SLOT MONITORADO.

Isso significa que o universo, no infinitamente pequeno, é um imenso campo de probabilidades, todas possíveis e reais. No entanto, quando um experimentador (um OBSERVADOR) decide observar, todas as realidades possíveis COLAPSAM em uma só, a observada.

Portanto, o observador tem o poder de determinar o comportamento da matéria.

O conhecido físico quântico John Wheeler, criador, entre outras coisas, da teoria dos buracos de minhoca ou túneis espaciais, em cuja escola Richard Feynman também foi treinado, comenta esse efeito extraordinário ao redefinir o papel do observador no do participante . Wheeler escreve:

> "Depois de uma medição, o universo não é mais o mesmo. Para descrever o que aconteceu, a antiga palavra "observador" deve ser removida e substituída pela nova palavra "participante". De certa forma, o universo é um universo participativo".

A teoria do multiverso.

A teoria de um universo probabilístico que "colapsa" em determinadas situações em resposta ao observador, levou o famoso matemático Roger Penrose a desenvolver, juntamente com Stuart Hameroff, a teoria sobre a existência da consciência. Existem estruturas infinitamente pequenas localizadas em neurônios, chamadas microtúbulos, nas quais ocorrem flutuações quânticas, ou seja, probabilidades que se transformam em escolhas. A resultante de todos os colapsos, ou seja, de todas as escolhas, constitui a consciência do ser vivo. O mais incrível é que, como essa consciência não é composta de matéria, ela tem a capacidade de sobreviver à morte física do corpo.

Portanto, após a morte de um ser com neurônios, sobrevive uma "nebulosa" de flutuações quânticas que é imortal e que Penrose define como consciência.

O "corpo" em que os neurônios viviam tinha a capacidade de formar sua própria "consciência imortal individual", observando as diferentes probabilidades e fazendo com que elas desmoronassem em escolhas precisas. Melhor dizer, o indivíduo forjou sua própria alma.

Deve-se notar que Penrose é um ateu abertamente e seus estudos são científicos, não especulações filosóficas.

A luz permite ao homem moldar a realidade.

Portanto, a luz permite ao homem ser um observador, e a observação molda a realidade.

Este é apenas um aspecto do que chamamos de "luz" se o colocarmos nas previsões da física quântica. Eu exploro muitos outros aspectos na minha página do Facebook "Cenacolo Jung Pauli". . Por exemplo, o emaranhamento quântico é um fenômeno confirmado segundo o qual dois fótons relacionados, ou seja, nascidos juntos, permanecem unidos e se afetam instantaneamente, mesmo que colocados a distâncias siderais. Isso pressupõe que na realidade infinitamente pequena não é mais feita de objetos separados, mas o todo é um.

Acredito que entre as questões que podem ser colocadas "além da fronteira" neste século, as implicações da física quântica emergem e assumem importância em seus aspectos que necessariamente, numa perspectiva não míope, vão além da física clássica, chegando ao ponto de invadindo os campos da filosofia e da metafísica.

Resíduos materialistas.

Está escrito "Materialismo" e pronuncia-se "Descanse em paz".

"Está escrito "Materialismo" e pronuncia-se "Descanse em paz".

Como os últimos japoneses entrincheirados em uma ilhota do Pacífico, os materialistas atiram furiosamente a cada nova ideia que venha nublar o céu de suas certezas.

O que exatamente é o materialismo.

Uma certa área científica, tenazmente enraizada na visão materialista do cosmos, não quer se convencer de que a guerra acabou e que a perdeu.

Nasce uma visão espiritual do cosmos. O materialismo, de acordo com a Wikipedia, é:

> "Posição filosófica que, ao identificar cada aspecto da realidade com a matéria, exclui a presença e eficácia de qualquer momento superior de natureza espiritual."

De acordo com a Enciclopédia Italiana Treccani, o materialismo é:

"Prazo com o qual, desde o final do séc. 17°, fez-se referência àquelas teorias filosóficas que, negando a existência de substâncias espirituais, interpretam os acontecimentos do mundo apegando-se à matéria como único princípio explicativo, renunciando assim à espiritualidade, à imortalidade da alma, à intervenção da providência divina e em qualquer caso a todo finalismo... (de existência)".

Cito essas definições para enquadrar bem o tópico sobre o qual estamos falando. Se isso é materialismo, certamente é uma teoria em contraste com o conteúdo desta página, que acredita em boa parte do que o materialismo gostaria de negar

Um dos princípios cardeais do materialismo é que o mundo é uma máquina, ou seja, um lugar onde tudo acontece de acordo com princípios deterministas: apenas uma ação pode determinar outra ação, e qualquer ação se baseia apenas nas interações entre a matéria.

O homem segundo os materialistas.

O homem também é uma máquina, e suas ações são determinadas pelas interações mecânicas entre as partes que o compõem. O homem tem um CÉREBRO no qual ocorrem reações químicas que determinam seu comportamento. Exclui-se que ele tenha uma CONSCIÊNCIA ou uma ALMA. Os pensamentos, as sugestões, a tendência ao espiritual e ao divino são apenas imagens falsas, epifanias ou produtos residuais derivados das reações químicas do cérebro. O homem existe apenas em seu crânio, se pensa que está se projetando para fora, é simplesmente um robô que se ilude.

Portanto, o homem nada mais é do que a agregação, CASUALMENTE, de alguns materiais, ou seja, no caso de um macho de 1,75 metros de altura e pesando 70 quilos:

Água 59%, igual a 41,4 kg

Proteína 19%, igual a 13 kg
Gorduras 17%, igual a 12 kg
Minerais 4%, igual a 3 kg
Carboidratos 1%, igual a 0,6 kg
Trace vitaminas, iguais a 3-5 gramas.

Se, olhando no espelho, você se vê diferente desse monte de substâncias, é pura ilusão. Você é apenas uma série de potes na prateleira de uma farmácia. Um dia o acaso, sacudindo esses potes, desenhou um robozinho como você, que pensa que pensa, pensa que ama e deseja, mas na verdade se ilude.

Então, quando falamos de materialistas, estamos falando de pessoas que têm esse conceito mortificante de outros seres "humanos", até mesmo de todos nós. Além disso, ao expressar essas teorias, os materialistas negam a si mesmos. Na verdade, eles reivindicam o direito de "emitir pensamentos" que (no caso deles) não são subprodutos de seu cérebro: eles até pensam que podem impô-los aos outros como IDEIAS. Assim, os materialistas seriam robôs classe A, com direito de pensar; todos nós que imaginamos a presença de alma e espírito seríamos robôs da Série B cuja química confusamente gera apenas ilusões e superstições.

O materialismo hoje.

O materialismo historicamente criou uma brecha irremediável entre matéria e psique. A ciência materialista se estabeleceu com forte conotação ateísta nos últimos dois séculos, ocupando todas as posições dominantes da cultura e da sociedade. De fato, quem não professasse crenças materialistas era automaticamente excluído de qualquer possibilidade de carreira científica. Isso foi particularmente evidente na Itália, onde a tendência ao oportunismo favoreceu a criação de um estabelecimento científico fortemente caracterizado pelo materialismo. Hoje ainda predomina uma cultura ateia, esquerdista e radical chic, e vemos isso contando as intervenções cheias de insultos desmotivados que recebemos em nossas postagens. Nós somos acusados de espalhar "travessuras", se não pior.

Uma estrutura obsoleta.

A verdade é que o materialismo é uma estrutura antiga, que range sob os golpes de eminentes cientistas, que caminham para uma imagem radicalmente diferente do cosmos, a começar por Wolfgang Pauli (Prêmio Nobel de Física 1945) que iniciou um longo diálogo com Carl Jung encontrar uma teoria unificadora da matéria e da psique. Entre as muitas dezenas dos mais conhecidos não podemos esquecer David Bohm, de quem falo no meu livro "Todas as cores do emaranhamento", e depois Henry Stapp, físico teórico vivo da Universidade da Califórnia-Berkeley

Em 2017 Stapp publicou o livro "Teoria Quântica e Livre Arbítrio. Como as intenções mentais se traduzem em ações corporais" (teoria quântica e livre-arbítrio. Como as intenções mentais produzem efeitos na matéria).

Este livro explica, em termos simples, mas precisos, como funciona a mecânica quântica ortodoxa e mostra como essa teoria, interpretada de forma realista, atribui um papel importante às nossas escolhas conscientes e livres. Stapp parte do princípio de que a biologia tradicional e a neurociência ainda apoiam preceitos clássicos essencialmente fracassados, segundo os quais as intenções mentais não afetam o comportamento da matéria. Mostra como a mecânica quântica fornece uma base racional para uma melhor compreensão das conexões entre consciência e comportamento, permitindo também uma explicação de certos fenômenos atualmente considerados "paranormais". Essas ideias têm implicações importantes para a compreensão de nós mesmos e de nossos processos mentais e, portanto, também para o significado de nossas vidas.

Henry Stapp e a teoria quântica da consciência.

Em uma de suas muitas entrevistas, Henry Stapp se expressa assim em sua "Teoria Quântica da Consciência":

> "É importante para nós, como indivíduos e coletivamente, corrigir a noção atualmente difundida segundo a qual a ciência demonstra que somos autômatos mecânicos. Essa ideia é baseada na mecânica clássica, agora empiricamente invalidada. Em vez disso, a mecânica quântica nos representa como psicofísicos ".

As intenções conscientes dos homens não são determinadas pelos aspectos físicos da Natureza, mas influenciam causalmente o curso dos eventos físicos. A pergunta que surge imediatamente é esta: -Qual é a conexão entre nossas experiências conscientes e o mundo descrito fisicamente? -

As teorias físicas clássicas predominantes na ciência durante os séculos XVIII e XIX afirmavam que qualquer propriedade física é predeterminada apenas por propriedades físicas anteriores, sem "entrada" adicional da consciência. Essa afirmação, se verdadeira, implicaria que nossas vidas não têm sentido; isso reduziria cada um de nós a um autômato mecânico substancialmente irracional, incapaz de influenciar o curso de eventos físicos futuros, seja para nosso próprio benefício ou para o benefício de qualquer outra pessoa.

Hoje sabe-se que as técnicas físicas clássicas são fundamentalmente falsas. Essas teorias foram substituídas pela mecânica quântica. Nesta teoria, nossas "escolhas livres" conscientes desempenham um papel dinâmico essencial na determinação do futuro. Essas escolhas são chamadas de "livres" porque não estão vinculadas a nenhuma outra característica da teoria, estatística ou não."

Falei longamente sobre Henry Stapp, mas poderia mencionar dezenas e dezenas de outros cientistas altamente valorizados que ensinam ou ensinaram em universidades de prestígio (no exterior). Não menos importante de Stephen Hawking, recentemente falecido, e suas ideias sobre o princípio antrópico, expressas em seu livro "O universo em poucas palavras". Sem mencionar Frank Tipler e John Barrow.

Conclusões.

Essa nova direção científica, baseada em dados indiscutíveis, torna previsível uma inversão iminente das orientações da ciência mundial, para a possibilidade de um cosmos dotado de "alma".

Na Itália, com o provincianismo que sempre nos distinguiu, ainda preferimos permanecer presos ao materialismo que, para o bem ou para o mal, garantiu lugares, privilégios e boa reputação a muitos de seus adeptos. A todos estes eu gostaria de dizer: parem de insultar gratuitamente aqueles que defendem as novas orientações da ciência. Resignem-se, seu tempo acabou, você perdeu a guerra. Saia dos seus bunkers e entregue-se ao primeiro barco de pesca que passar pelo seu ilhéu. Os vencedores não o tratarão com o mesmo desprezo com que foram tratados por você. A muitos jovens que ainda se deixam influenciar pelas teorias materialistas dos seus professores, e que vêm insultar a nossa página como robôs telecomandados, gostaria de dizer: pensem com a cabeça. Você decide se prefere ser produtos químicos inconscientes na prateleira da vida ou se quer viver a vida.

Desmonte as pedras angulares do materialismo. Objetividade.

"Desmonte as pedras angulares do materialismo. Objetividade".

A objetividade, às vezes chamada de "objetividade forte", é o princípio já presente no pensamento de Aristóteles que diz "O mundo material é independente da consciência". Isso significa que para a ciência materialista atual, a consciência, sendo um epifenômeno produzido pela matéria, ou seja, um produto espúrio da química cerebral, não pode ter nenhuma influência no comportamento da matéria. Para afirmar esse princípio, que ainda não foi demonstrado, enlouquecem as pesquisas científicas destinadas a identificar em qual recesso cerebral secreto se esconde a semente da consciência.

Não funciona assim em todos os lugares: a física quântica engana e refuta essa suposição.

Deve-se notar que o materialismo enuncia verdades muito válidas no contexto macroscópico do universo. O contexto macroscópico é aquele em que estamos imersos, uma espécie de caverna platônica onde a realidade é apenas a representação percebida e mediada de forma enganosa pelos nossos sentidos. No contexto macroscópico, tempo e espaço parecem ser conceitos "sólidos" e podem ser medidos com certeza, com ferramentas adaptadas aos nossos sentidos.

Na verdade, existem outros níveis de realidade. Por exemplo, o nível da "relatividade" de Einstein, onde, de fato, tempo e espaço são "relativos" em função da velocidade da luz. Na física relativista, a objetividade ainda é um conceito válido. Depois há o nível subatômico ou quântico, e aqui surgem os problemas, porque nada é mais certo, mas tudo é apenas provável. Como ensina a física clássica, toda regra é válida até que se prove o contrário. De fato, a física quântica desmantela as certezas existentes nos outros níveis e, portanto, nega a objetividade materialista.

Um "rigor" futebolístico a nível macroscópico.

Vamos tentar examinar um evento que ocorre em dois contextos, o macroscópico e o quântico. Escolhemos um evento de futebol: um jogador que marca um pênalti no gol do adversário.

No nível macroscópico, teoricamente, poderíamos preencher a cena com centenas ou milhares de minúsculos sensores, como para não atrapalhar a execução da ação, colocados no corpo do jogador, na bola, no goleiro, no ambiente e onde quer que mais você quer.

Em telas especiais podíamos reconstruir toda a cena nos mínimos detalhes. Poderíamos saber a qualquer momento as energias, velocidade, posição e trajetória de cada elemento em jogo, poderíamos criar diagramas para representar cada detalhe minucioso a qualquer momento com precisão maníaca. Isso é objetividade: eu sei tudo sobre tudo o tempo todo, sobre o assunto que estou examinando.

O aspecto mais importante é este: se não tivéssemos montado o aparelho de medição, as coisas teriam acontecido exatamente da mesma forma. Se, no entanto, tivéssemos montado um sistema de observação baseado em técnicas diferentes, por exemplo, não mais com sensores, mas em câmeras voadoras, ou em medições térmicas ou o que você quiser, o resultado em campo teria sido o mesmo.

A conclusão é que nossa observação não interrompeu o evento. O que quer que fizéssemos de fora: assistir, não assistir, filmar, fotografar, radiografar, nossa intervenção não teria mudado em nada o resultado da ação do jogador.

Um rigor de futebol de nível quântico.

Agora vamos encolher nosso jogador de futebol reduzindo-o ao tamanho de um elétron e movendo-o para um campo de jogo proporcionalmente pequeno, um campo quântico. Vamos repetir o rigor. Usamos qualquer método de observação que você preferir e observamos em uma tela hipotética o que acontece quando o mini-jogador de futebol chuta a mini-bola em direção ao mini-gol.

Você acredita que os mesmos dados que vimos no nível macroscópico aparecerão em nossas telas?

Absolutamente não. O porquê é simples. A cena tomada não é mais a "pura e asséptica" do que está acontecendo. De fato, nosso instrumento de observação torna-se parte do sistema observado, e a cena que vemos é perturbada precisamente pelo fato de que a estamos observando.

Não poderemos obter o pulso da situação momento a momento: poderemos ver apenas alguns elementos, por exemplo, a velocidade da bola, mas não sua direção.

Este é o princípio da "incerteza". Aliás, observe como o nome se opõe elegantemente ao princípio chamado "determinismo" tão caro à física clássica.

O princípio da incerteza foi enunciado em 1927 por Werner Karl Heisenberg, sendo posteriormente confirmado por inúmeros experimentos. Representa um dos conceitos-chave da mecânica quântica, que sancionou um problema radical em relação às leis da mecânica clássica. Uma regra física permanece válida até que seja refutada. Com todo o respeito a todos, a realidade quântica, que não é outra coisa comparada à realidade científica geral, desmente a objetividade.

O papel do observador.

Já falei sobre o papel do observador em muitos outros posts. Enquanto na realidade macroscópica podemos observar a ação de qualquer maneira (sem impacto) sem que nossa observação tenha qualquer efeito sobre o que acontece, na realidade quântica não há como observar a ação sem perturbá-la.

Portanto, no nível macroscópico a influência do observador é nula e sem efeito, enquanto no nível quântico o observador não é apenas eficaz e decisivo, mas também necessário e decisivo.

Observar ou não observar faz a diferença. O colapso quântico.

No nível quântico, o observador é crucial por outra razão importante. A observação gera o "colapso quântico", ou seja, cristaliza a probabilidade quântica em uma condição efetiva.

Resumidamente, um elétron não observado não é representável, como podemos imaginar, semelhante a uma "bola" orbitando ao redor do núcleo de seu átomo.

Na verdade, o elétron é uma onda de probabilidade: como você pode imaginar, a onda não é um ponto específico, mas uma "vibração" que se estende no espaço, como os círculos de água causados por uma pedra lançada no lago. Onde está o elétron, entendido como uma "bola"? É uma probabilidade de uma bola espalhada ao longo da onda. Ou seja, pode ser aqui, mas também lá, e onde a extensão da onda o permitir. Mas atenção: não é aqui OU lá, é aqui e TAMBÉM lá. Este é o princípio da superposição quântica, descrito por Erwin Schrödinger em sua famosa equação.

A observação tem o efeito de colapsar todas as posições probabilísticas do elétron em uma posição "real" precisa. O elétron observado não está mais em toda parte ao longo da onda, mas "colapsou" precisamente no ponto onde a observação ocorreu. Sem observação não há colapso, e sem colapso não há situação observável, não há matéria fixa em condição definitivamente detectável.

Então, aqui está a conclusão surpreendente: é o observador que gera o colapso, portanto, é o observador que determina a realidade.

Desmontar as pedras angulares do materialismo. A localidade.

"Desmontar as pedras angulares do materialismo. A localidade".

A localidade é uma das hipóteses mais importantes para a física clássica. Vou explicar brevemente com um exemplo. Imagine soprar as velas acesas do seu bolo de aniversário. Você acha que pode soprar as velas? Você certamente terá sucesso. Mas você acha que pode soprar as velas de um bolo em um prédio próximo? Ou você acha que pode desativá-los em um bolo na Nova Zelândia? Ou você acha que vai apagar as velas do bolo do ano que vem? Espero que você responda não. Aqui, este é o local.

Cada fenômeno e suas consequências são limitados pelo espaço e pelo tempo. As forças diminuem à medida que esses fatores aumentam. Ou seja, as forças são localizadas, confinadas ao lugar e ao tempo em que ocorrem.

O conceito, que é absolutamente lógico, deriva da lei da entropia para a qual o tempo avança em apenas uma direção, e da velocidade da luz, ditada por Einstein: nada pode ultrapassar isso que equivale a cerca de 300.000 km. por segundo.

O mundo da física deu um suspiro de alívio quando Einstein assegurou a todos que sua teoria da relatividade não contradizia o localismo. De fato, Einstein sempre foi um defensor ferrenho desse conceito, especialmente quando Niels Bohr e sua Escola de Copenhague o negaram com suas declarações sobre física quântica.

Mas vamos em ordem.

Na física, o princípio da localidade afirma que objetos distantes não podem ter influência instantânea uns sobre os outros.

De fato, para dizer melhor, não há objetos que não sofram as consequências da variação de objetos colocados suficientemente próximos a eles. Da mesma forma, nenhum objeto pode sofrer as consequências das variações de objetos suficientemente distantes deles.

Sobre este princípio, Albert Einstein afirmou o seguinte:

> «..A seguinte ideia caracteriza a relativa independência de objetos muito distantes no espaço (A e B): uma influência externa em A não tem uma influência direta em B; isso é conhecido como o Princípio da Ação Local, "
>
> (Albert Einstein, Quanten-Mechanik und Wirklichkeit, Dialética 2: 320-324, 1948)

O localismo está intimamente relacionado aos conceitos de determinismo, ou causalidade.

O determinismo é facilmente explicado: imagine uma mesa de bilhar. Você acha que alguma bola começará a se mover sozinha se não for empurrada primeiro? Eu nunca vi isso. Seu movimento deve ser "determinado" ou "causado" por outro evento, plausivelmente o impulso de um taco ou o impacto de outra bola. Este evento determina o deslocamento, pois envolve a transferência de energia da esfera impactante para a impactada. Nesta ciência clássica é um mestre: calculando as energias envolvidas podemos "prever" praticamente tudo: quão rápido e em que direção as bolas se moverão e que outros eventos elas determinarão. A balística é uma ciência exata que calcula a trajetória de uma bala de canhão, mas também de uma nave espacial. Sem localidade e determinismo nunca poderíamos ter começado a conquista do espaço.

Mas, na verdade, a localidade é localizada. Para calcular o efeito na bola rebatida, preciso saber PRIMEIRO a velocidade, o peso e a força da bola que a atingirá.

O que acontece se uma borboleta bater as asas no Brasil?

Em 1972, o famoso matemático Edward Lorenz publicou um artigo com o título que pode ser traduzido da seguinte forma: "O bater de asas de uma borboleta no Brasil pode desencadear um tornado no Texas?"

De acordo com o princípio da localidade devemos admitir que a coisa "poderia" ser possível, mas o diabo está no detalhe desse subjuntivo. Poderia: talvez sim ou talvez não, com a consequência de que o evento não é previsível. Isso confirma a incompatibilidade com a lei local. De fato, todo evento local deve ser absoluta e precisamente previsível, como no caso das duas bolas de bilhar.

Agora, nenhum computador do mundo será capaz de calcular todas as variáveis envolvidas entre o bater de asas no Brasil e o desenvolvimento de um tornado no Texas. Sobretudo porque, em um nível elementar, entraria em jogo o princípio da incerteza de Heisenberg, ou seja, a imprevisibilidade de alguns passos possíveis.

Em resumo, a localidade exige que um fenômeno seja próximo no espaço e no tempo, previsível em termos de premissas e consequências. O antes deve ser conhecido para determinar o depois. Esses requisitos qualificam o conceito de realismo.

Realismo local e realismo metafísico.

O realismo local é a combinação do princípio da localidade com a suposição realista de que, para fazer qualquer cálculo, é necessário que os objetos em jogo tenham valores preexistentes. Esses valores devem ser conhecidos antes que os cálculos sejam feitos.

O realismo no sentido usado na física clássica contrasta com os pressupostos do realismo na metafísica. De acordo com o realismo metafísico, existe um mundo independente da realidade material. A física quântica também rejeita amplamente o realismo local por causa da confirmação incontestável do emaranhamento quântico. No entanto, a física quântica não afirma a existência de uma realidade metafísica distinta da realidade material, mas apenas reconhece a existência de uma realidade que define como "não-local" na qual as regras do materialismo não são válidas. Você vê qual é a diferença.

A não localidade quântica.

Como descrevi em muitos posts anteriores, o entrelaçamento quântico (traduzível: entrelaçamento quântico) determina que duas partículas elementares, por exemplo, dois elétrons ou dois fótons, nascidos do mesmo evento, retenham uma ligação não local. Eu explico brevemente o experimento que confirma este link. Duas partículas desse tipo possuem uma interdependência física, um pouco difícil de explicar tecnicamente, mas, apenas para fins ilustrativos, vamos supor que uma seja feminina (Maria) e a outra masculina (Antonio).

Separamos as duas partículas a qualquer distância que você queira imaginar.

Vamos intervir em Antonio: vamos mudar seu sexo e transformá-lo em Antonietta.

Ao mesmo tempo (não imediatamente depois, mas ao mesmo tempo) Maria muda de sexo e se torna Mario.

Obviamente, a velocidade da informação excedeu a velocidade da luz.

Se quisermos ser precisos, não houve transferência de informações. Maria não mudou de sexo "depois" que Antonio a mudou, mas ao mesmo tempo. As duas partículas se comportaram como se tivessem uma consciência comum, como se fossem uma única partícula.

Entendeu o conceito? Neste caso, a localidade não existe mais. Infelizmente para os materialistas, a física não funciona como a gramática. Exceções não são permitidas. Uma única exceção determina necessariamente o colapso de qualquer teoria, mesmo a mais estabelecida.

Hoje sabemos com certeza que uma das pedras angulares do materialismo, o localismo, foi derrubada. Permanece válido em nossa realidade macroscópica (diríamos, como percebido pelo nosso entendimento), mas não em todos os níveis da realidade. De fato, existe uma realidade que a ciência definiu, com grande embaraço, "não-localidade". É uma realidade absolutamente livre do domínio da matéria.

Demônio de Laplace.

"Demônio de Laplace".

Nunca será possível para um demônio, mesmo na forma de um computador super avançado, sondar as profundezas do passado e do futuro, porque nunca será possível conhecer TODAS as variáveis em jogo no universo. A realidade quântica exclui essa possibilidade. A chamada lei da "incerteza" decretou a morte do demônio de Laplace e a morte simultânea do determinismo, que permanece válido apenas em nível macroscópico.

Uma teoria um tanto presunçosa.

Quando, em 1796, o astrônomo Laplace apresentou sua grande obra "Mécanique Céleste" sobre o funcionamento do universo a Napoleão Bonaparte, o imperador lhe perguntou por que ele não havia mencionado a presença de Deus na criação. Laplace respondeu que não sentia necessidade, porque todo o universo funcionava bem mesmo sem Deus.

Na verdade, Laplace tinha muita fé nas leis da chamada física "determinista". Por exemplo, ao bater uma bola na mesa de bilhar, é possível saber exatamente todas as variáveis da tacada (peso da bola, força aplicada, tamanho da mesa, etc.). Conseqüentemente, é possível calcular exatamente a trajetória da bola, onde ela irá bater, o que o objeto atingido fará e o que acontecerá em toda a cadeia de eventos que se segue. Conhecendo o contexto físico em que a bola se move, será possível calcular exatamente todas as consequências desse lançamento até a eternidade. Não só isso, mas levando em consideração um evento posterior resultante daquele lançamento da bola, digamos dez anos depois, será possível calcular retroativamente todos os eventos até o momento do nascimento do universo.

Determinismo.

Todas as leis da física conhecidas por Laplace possuíam essa característica de previsão futura e reconstrução histórica. Laplace escreveu:

> "Imaginemos uma inteligência que num dado instante conheceu todas as forças que animam a natureza e a respectiva situação dos seres que a compõem. Imaginamos também que essa inteligência fosse profunda o suficiente para submeter esses dados à análise, abarcando na mesma fórmula os movimentos dos maiores corpos do universo e do átomo mais leve. Nada seria incerto para essa inteligência e o futuro, como o passado, estaria presente em seus olhos"

Essa opção da física clássica, chamada de "determinismo", ainda faz parte do currículo escolar e é teoricamente verdadeira. O único problema é que não haveria ferramenta adequada para realizar a quantidade necessária de cálculos. No entanto, "teoricamente" seria possível. Teoricamente, graças apenas às leis da física clássica, o homem poderia conhecer seu passado e seu futuro. O homem poderia responder à pergunta se "o bater de asas de uma borboleta no Brasil poderia causar um furacão no Texas". Não só isso: o homem poderia calcular e simular mecanicamente esse bater de asas com as características adequadas para fazer o furacão do Texas realmente ocorrer.

O demônio de Laplace.

Sabendo bem que, a nível prático, nunca conseguiria pôr em prática esta teoria, o homem imaginou um "ser" capaz de o fazer, pois é dotado de poderes extraordinários. Assim nasceu a figura do "Demônio de Laplace", uma inteligência tão vasta que pode interrogar em um instante todas as forças da natureza para trazer as respostas de volta a uma síntese instantânea da qual derivar o conhecimento de tudo.

Pena que, ao invocar este demônio excepcionalmente dotado, sabendo muito bem que ele não existe, se renuncie a outro "ser" que poderia existir não tanto na forma inferior de um demônio, mas na forma de Deus.

De fato, o "Espírito" ou o "Tao" possuiriam esses poderes. Por que são rejeitados? A diferença é que o demônio, embora dotado de grandes habilidades, pode ser dominado pelo homem, enquanto a divindade domina o homem. Sabe-se que o homem não gosta de ser oprimido. O homem pode imaginar o demônio de Laplace como uma imensa calculadora capaz de realizar todos os cálculos necessários. Obviamente, o computador, por mais imensamente capaz, é sempre obra do homem.

Computadores quânticos estão sendo construídos hoje, com poder computacional bilhões de vezes mais poderoso do que os computadores atuais. Portanto, a ilusão de que, afinal, o demônio de Laplace pode se tornar realidade, continua a fazer cócegas no cérebro de muitos materialistas.

Um sonho impossível.

Na verdade, nunca será possível para um demônio, mesmo na forma de um computador super avançado, sondar as profundezas do passado e do futuro, porque nunca será possível conhecer TODAS as variáveis em jogo no universo. . A realidade quântica exclui essa possibilidade. A chamada lei da "incerteza" decretou a morte do demônio de Laplace e a morte simultânea do determinismo, que permanece válido apenas em nível macroscópico.

Nas dimensões subatômicas não existe mais matéria, existem apenas vibrações energéticas que podem se manifestar na forma de onda ou partícula, segundo critérios completamente probabilísticos. O demônio de Laplace nunca poderia saber exatamente onde uma partícula está e quão rápido ela está se movendo. Muito ruim para o materialismo. O demônio de Laplace não é mais necessário, é um brinquedo quebrado. Talvez pudéssemos voltar à ideia de um Deus que conhece exatamente todas as posições e todas as velocidades. A física quântica está se aproximando desse objetivo. Por exemplo, o "potencial quântico" de Bohm não apenas conhece exatamente os dados de todas as partículas, mas também consegue guiá-las.

O navio de Teseu.

"O navio de Teseu e o homem-mecânico".

O homem é feito de átomos. Ao longo dos anos, seu corpo muda completamente. As células do corpo morrem e são continuamente substituídas por outras células compostas de diferentes átomos. Em poucos anos, o homem muda totalmente em substância e forma. Apesar disso, todo homem continua sendo a mesma "pessoa".

Premissa mitológica.

Teseu é um herói mítico da Ática. Seu feito mais conhecido é a morte do Minotauro. Todos os anos os atenienses tinham que prestar uma horrível homenagem a Creta, composta por alguns jovens que eram oferecidos como refeição ao monstro. Teseu embarcou no navio que levava os jovens para Creta, trancou-se com eles no Labirinto e matou o Minotauro. Mais tarde, ele conseguiu sair do Labirinto seguindo o fio dado a ele por Arianna, filha de Minos. Voltando vitorioso a Atenas, esqueceu-se de trocar as velas pretas do navio por velas brancas, sinal acertado com o pai para indicar o feliz sucesso da empreitada. O pai Egeo, acreditando que seu filho estava morto, se jogou no mar que lhe tirou o nome atual.

O paradoxo.

Essa premissa mitológica introduz o chamado paradoxo do "Navio de Teseu".

Diz-se que o navio de madeira em que o herói viajou foi preservado intacto ao longo dos séculos. À medida que algumas peças de madeira ou ferro se deterioravam, eram substituídas por outras moldadas exatamente da mesma maneira. É claro que, a longo prazo, todas as peças foram substituídas, embora o navio mantivesse exatamente sua forma original.

Pensando nesta situação, podemos dizer que o navio foi completamente substituído, mas ao mesmo tempo permaneceu a "Nave di Theseo". Torna-se legítimo fazer-se uma pergunta: o navio de Teseu foi realmente preservado ou não?

O navio foi completamente modificado na SUBSTÂNCIA, mas não sofreu nenhuma alteração no FORMULÁRIO. Ainda é a mesma ENTIDADE?

De acordo com a visão materialista, não. De fato, para o materialismo apenas a substância importa. O conceito de "forma" é vazio e sem sentido: a matéria se agrega aleatoriamente, então a forma é apenas o resultado do acaso. Afinal, a matéria é uma agregação aleatória de átomos. Os conceitos de "madeira" e "ferro" não existem, existem átomos. Na física materialista, a nave não pode mais ser a mesma, pois os átomos que a compõem são diferentes dos originais.

O homem também é um agregado mecânico feito de átomos.

Podemos dirigir este paradoxo à nossa pessoa, isto é, a todos os seres vivos, incluindo o homem. Até os humanos mudam completamente ao longo dos anos. As células do corpo morrem e são continuamente substituídas por outras células compostas de diferentes átomos. Portanto, o homem certamente muda em SUBSTÂNCIA. Além disso, em comparação com a forma inalterada da nave de Teseu, o homem também muda de FORMA: basta olhar para a foto de um homem criança e do próprio homem adulto. Apesar disso, todo homem continua sendo a mesma pessoa.

Um ponto de vista metafísico.

A questão não deve ser examinada apenas do ponto de vista físico do materialismo, mas também do ponto de vista metafísico.

De fato, no caso de um ser vivo, surge a questão metafísica da persistência real da IDENTIDADE ORIGINAL para uma entidade composta por partes que mudam ao longo do tempo.

Ou seja, um todo único permanece verdadeiramente ele mesmo, depois de toda a sua matéria ter mudado ao longo do tempo? De acordo com o materialismo, não, porque a entidade é feita apenas de matéria.

Isso pode ser verdade para o Navio de Teseu, pois o conceito de "navio" lhe é estranho: é uma atribuição dada por observadores, que o definem como "navio".

Onde mora a autoconsciência?

No caso do homem, entretanto, outro conceito deve ser introduzido: o de CONSCIÊNCIA.

O homem tem consciência de ser ele mesmo. Ele é desde sua mais tenra idade até sua morte. A autoconsciência está escrita... .mas... ONDE?

Não está escrito na matéria que compõe o ser, caso contrário, mudando a matéria, a consciência mudaria dia a dia. Não só isso, mas considerando o desaparecimento da matéria substituída, até mesmo as memórias, que é a consciência da vida vivida no passado, deveriam desaparecer.

A autoconsciência é algo que certamente existe e certamente vai além da matéria. O homem não é uma máquina feita apenas de matéria, mas é um ser feito de matéria e outro componente não material que lhe permite ter autoconsciência e manter essa consciência mesmo quando a matéria de seu corpo foi totalmente substituída. .

Isso significa que o componente material ocupa um grau muito inferior ao componente de consciência, que podemos definir como psique ou espírito. A natureza do espírito, externa ao corpo e insensível às suas mudanças, torna crível a sua sobrevivência, que continuará mesmo quando o corpo mudar até se desintegrar..

A impertinente Vespa crabro.

"A impertinente vespa crabro e as percepções extra-sensoriais".

A ciência muitas vezes está errada, mas muito raramente admite isso. Na esmagadora maioria dos casos, o "protocolo de defesa até o amargo fim dos dogmas científicos" funciona muito bem. Em 1934, a partir de uma publicação científica do zoólogo Antoine Magnan sobre o voo dos insetos, nasceu a crença, imediatamente difundida na sociedade culta da época, de que a impossibilidade do voo era particularmente aplicável a um inseto atarracado de asas minúsculas como a vespa . E quando a ciência afirma algo, isso se torna uma realidade indiscutível. Ninguém foi a um prado para verificar.

Os precedentes da história.

Em 1934, Antoine Magnan, um zoólogo e engenheiro aeronáutico francês que estudou o voo de insetos e pássaros para aplicar os resultados ao voo motorizado, publicou um volume de 180 páginas intitulado "Le vol des insectes" (O voo dos insetos) contendo a seguinte frase:

> "Apliquei as leis de resistência do ar aos insetos e cheguei, com o Sr. Sainte-Laguë, à conclusão de que seu vôo é impossível".

Sainte-Laguë era um engenheiro e matemático francês, assistente de Magnan na elaboração dos cálculos do livro.

Daí a crença, imediatamente difundida na sociedade culta da época, de que a impossibilidade de voar era particularmente aplicável a um inseto atarracado de asas minúsculas como a vespa, ou mais precisamente a abelha. E quando a ciência afirma algo, isso se torna uma realidade indiscutível.

A ciência que não se questiona.

Mas alguém pensou em contestá-lo: ele pegou uma vespa, trouxe para Magnan e a soltou na frente dele. Imediatamente o inseto voou o mais rápido que pôde, demonstrando assim que sabia voar muito bem.

Quando a ciência é desafiada em suas crenças, ela reage de acordo com um protocolo bem testado e consolidado:

Desafie a competência daqueles que negam e questionam suas habilidades mentais.

Ridicularizá-lo.

A vespa voou mesmo assim porque não estudou.

É óbvio que a vespa que voou na frente de Magnan não tinha um diploma de engenharia para desafiar os cálculos de Monsieur Sainte-Laguë, então sua educação era duvidosa, mas ele voou. Diante disso, nem mesmo a segunda técnica teria surtido efeito: como ridicularizar uma vespa voadora pelo fato de voar? Além disso, a vespa não teria se sentido ridicularizada nem um pouco, não teria se envergonhado e teria continuado a voar em segurança, como ainda faz hoje.

Provavelmente organizações científicas como o CICAP teriam concluído que havia um truque e teriam embarcado em anos de testes e tentativas de prová-lo porque, de acordo com seus princípios, se a ciência diz que algo "não pode acontecer", simplesmente NÃO PODE ACONTECER e se isso acontecer, há um engano por baixo que deve ser desmascarado.

Antoine Magnan provou ser um cientista inteligente e recorreu a uma técnica mais sutil. Ele recalculou os cálculos.

Bastou embaralhar um pouco os dados, modificar algumas constantes e ajustar o valor de algumas variáveis para obter uma equação que, com absoluta certeza, comprovasse que o vôo da vespa é possível.

Como a água com arsênico se torna potável.

É conhecido o alarme que recentemente preocupou a distribuição de água potável na Itália. A União Europeia, através da Comissão, tem como alvo 128 municípios italianos cujas águas públicas contêm uma quantidade de arsénio superior aos limites legais. Esta quantidade está atualmente limitada a 10 microgramas por litro; o governo italiano da época pediu uma derrogação para poder chegar a 50 microgramas, enquanto as instituições europeias estão dispostas a conceder um máximo de 20.

Não importa o que digam, e qualquer que seja a conclusão, os habitantes destes 128 municípios sabem que a água considerada cientificamente nociva, devido à presença de arsênico em quantidade considerada superior ao limite suportável de 10 microgramas, logo se tornará potável refazendo as análises um pouco, com alguns parâmetros alterados. Será suficiente estabelecer na mesa que o limite suportável não é mais 10, mas 20 ou 50

Quando a ciência acontece para repensar isso?

A ciência pensa nisso de vez em quando, mas muito raramente. Na grande maioria dos casos, o "protocolo de defesa dos dogmas científicos" funciona muito bem.

Se o herege é, na melhor das hipóteses, um "leigo", ele é ridicularizado, e às vezes sua saúde mental é questionada, exceto para indicá-lo como um golpista que quer explorar a credulidade do "povo boi".

Se, por outro lado, o herege possui alguma qualificação científica, contesta-se a esse respeito, afirma-se que o resto da comunidade científica pensa diferente, questiona-se sua capacidade de cobrir os papéis e cargos acadêmicos ocupados; em alguns casos as duas técnicas são combinadas, ridicularizando-o em seu profissionalismo.

Há muitos cálculos a serem refeitos.

Sendo assim, só podemos esperar que os novos fermentos científicos, especialmente no campo da física quântica, convençam o establishment materialista atualmente dominante de que há muitos cálculos a serem refeitos.

É evidente que a maior parte da população mundial acredita firmemente na existência de fenômenos extra-sensoriais, como a telepatia e a premonição, e um número muito grande tem sido os protagonistas. Infelizmente, eles não podem demonstrar esses fenômenos, como fez a vespa, então são vítimas do protocolo negador:

"Você não sabe o que está dizendo, você é incompetente, você provavelmente é psicologicamente lábil ou golpista!"

"Todo mundo olha o que esse louco está dizendo!"

Também em consideração a isso, muitos preferem não se expor ao tornarem públicas suas experiências.

Como previsto pelas intuições de dois cientistas como Carl Jung (psicólogo, teórico do inconsciente coletivo e da sincronicidade) e

Wolfgang Pauli (físico quântico, ganhador do Nobel), a física quântica mostrou, com os experimentos sobre o fenômeno do emaranhamento, a existência de um nível de realidade completamente independente das leis da matéria, portanto um componente psíquico do cosmos. A coexistência e colaboração da psique e da matéria estão se mostrando reais, alguns cálculos terão que ser refeitos considerando também essa variável.

O princípio antrópico

Em 1973 um cientista, Brandon Carter, desenvolveu uma nova formulação da relação que une o ser humano ao universo, chamando-a de "Princípio Antrópico" e a apresentou à comunidade científica durante um Simpósio sobre "Comparação de teorias cosmológicas com dados de observações "que se realizou em Cracóvia. Esse princípio, muito contestado em sua formulação denominada "formulação forte", derruba a visão atual da relação entre o ser humano e o cosmos e atribui ao homem um papel central.

O princípio forte afirma que o universo deve ser tal como é para permitir o desenvolvimento da vida, em determinado momento de sua história, que coincide com a época em que vivemos, ou seja, cerca de 14 bilhões de anos após sua formação. Entre os muitos universos que poderiam ter nascido do Big Bang, desenvolveu-se aquele que nos permite estar aqui hoje; a probabilidade de isso acontecer é de uma em vários bilhões; se tivesse acontecido por acaso, então o acaso teria ganho uma loteria impossível.

Isso significa que o universo foi projetado precisamente para nos permitir estar aqui hoje. O universo tem um propósito: hospedar o homem.

Portanto, o homem não seria um hóspede que por acaso estivesse por bizarro acaso em um universo que o ignora, mas a razão e o propósito para o qual o universo existe. Esta teoria implica que o universo foi formado com o objetivo de promover a vida e o desenvolvimento da consciência; isto é, que o universo foi concebido como um casulo, uma placenta na qual a vida em geral e a consciência humana em particular poderiam se originar.

Os valores das interações centrais são milagrosamente adequados à vida.

Os valores possíveis das quatro interações fundamentais (força gravitacional, força eletromagnética, força nuclear fraca e força nuclear forte) e das partículas subatômicas (próton, nêutron, elétron) poderiam ter infinitas combinações, e apenas valores existentes e mensuráveis permitem criar entre eles uma rede interativa que dá origem a um universo gerador de vida. Stephen Hawking escreve em "Dos buracos negros ao universo":

> "Se a densidade do Universo um segundo após o Big Bang fosse maior do que a densidade crítica em uma parte em cem bilhões, o Universo teria colapsado após 10 anos. Se, por outro lado, tivesse sido inferior ao mesmo valor, o Universo já estaria vazio após 10 anos de existência".

É preciso dizer que um cientista do calibre de Stephen Hawking, a princípio duvidoso, após a formulação da Teoria M (teoria unificadora de tudo com um universo multidimensional) mudou de opinião tornando-se adepto do princípio antrópico. Ele incluiu o Princípio em todos os seus estudos e publicações subsequentes, como o livro "O Universo em uma Casca de Noz".

Afinal, a física quântica mais do que demonstrou que o experimentador, ao observar as partículas, determina seu comportamento. Provavelmente, inconscientemente, de alguma forma determinamos o que está acontecendo ao nosso redor.

Essas são as respostas que esperamos da ciência do terceiro milênio, e realmente há muitos cálculos a serem refeitos.

Aquele brincalhão do sr. Thomson.

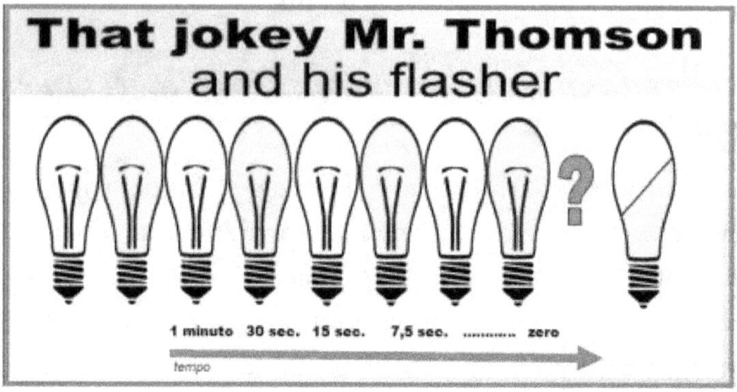

"Aquele brincalhão do sr. Thomson e seu pisca-pisca".

Com um esforço de imaginação, poderíamos imaginar o Sr. Thomson como um tipo metódico e um tanto espalhafatoso, relegado à última função no departamento de contabilidade de uma megaindústria. Um dia, cansado de ser subestimado, ele propõe o seguinte problema a seus colegas, todos mais bem avaliados do que ele.

O Sr. Thompson se redime.

Um dia, cansado de ser subestimado, ele propõe o seguinte problema a seus colegas, todos mais bem avaliados do que ele.

Vamos pegar uma lâmpada capaz de alternar a condição liga-desliga muito rapidamente. Conectamos a lâmpada a um computador quântico capaz de enviar sinais de comutação sem limites de velocidade para a lâmpada.

O experimento terá duração de UM MINUTO (sessenta segundos).

A lâmpada estará inicialmente acesa e o computador mudará sua condição várias vezes, cada vez reduzindo o tempo restante pela metade. Então:

- a primeira vez que a lâmpada mudará o estado on-off após 30 segundos.

- Na segunda vez, a lâmpada mudará de estado após metade de 30 segundos, ou seja, após 15 segundos.

- A terceira vez mudará o estado após a metade de 15 segundos, ou seja, 7,5 segundos

- E assim por diante. Aqui está o exemplo.

	TIME REMAINING IN SECONDS	SITUATION
Start of the experiment	60	on
First switching	30	off
Second switching	15	on
Third switching	7,5	off
... *n commutations* ..	..	...
Last switchover	TIME ZERO	OFF OR ON?

A questão é:

UM MINUTO APÓS O INÍCIO DO EXPERIMENTO, OU seja, EM TEMPO ZERO, A LÂMPADA ESTARÁ NO ESTADO "OFF" OU "ON"?

O problema não é trivial.

Na verdade, esse problema não foi levantado por um contador de baixo nível, mas por James Thomson, (1921-1984), um filósofo britânico, como parte de seus estudos sobre o que chamou de "supertarefa" (supertarefas).

Como de costume, dedicamos este problema àqueles que defendem que a ciência é o único método garantido para a solução de todos os problemas, e criticam a orientação metafísica deste site; a partir delas, gostaríamos, portanto, de uma FÓRMULA matemática que indicasse claramente se a lâmpada será desligada ou ligada.

O bom senso é suficiente?

Alguém dirá que não é necessário ir tão longe, e o problema pode ser resolvido simplesmente com bom senso. BOA DIREITA. Pena, porém, que não haja nada mais metafísico do que o bom senso. O senso comum é um dispositivo dialético que é usado na ausência de regras precisas, ou seja, de uma norma de comportamento testada e certificada (científica).

Não temos nada contra a ciência, quando ela não se torna dogmática e excludente. Em nosso nível médio (macroscópico), a ciência clássica funciona muito bem. Infelizmente, ao nível das dimensões muito grandes funciona muito menos e é necessário recorrer à relatividade einsteiniana. No nível subatômico, então, não funciona, tanto que a física quântica perturba todas as certezas.

Quantos níveis de realidade existem?

Quantos outros níveis existem além do macroscópico, do superdimensionado e do subatômico? A teoria das cordas prevê um universo de nove ou dez dimensões, onde apenas certas dimensões (tempo e espaço) podem ser percebidas em nosso nível médio. O que há nas outras dimensões?

Talvez essas dimensões sejam tão misteriosas porque não se baseiam na matéria, mas possuem conteúdos puramente psíquicos? De fato, o emaranhamento atesta a existência, entre as partículas elementares, de um nível comunicativo completamente desvinculado da matéria e de seus constrangimentos. É o nível de "não-localidade quântica".

As super tarefas.

O problema da lâmpada de Thompson traz "supertarefas" em jogo.

Na filosofia, uma supertarefa é uma sucessão composta por um conjunto contável de operações que ocorrem sequencialmente em um intervalo de tempo finito.

James F. Thomson negou veementemente que supertarefas sejam possíveis e propôs o paradoxo da lâmpada em apoio à sua crença. Seu paradoxo provavelmente se tornou o exemplo mais famoso de uma supertarefa desde a época de Zenão.

Então qual é a solução?

Dei uma pequena ajuda citando Zenão, um filósofo grego que já discutiu esse problema. Certamente muitos já terão elaborado uma solução e proposto nos comentários da minha página do Facebook, "Cenacolo Jung Pauli". Não espere encontrar respostas únicas, muitas provavelmente serão até conflitantes.

Se você não estiver satisfeito e quiser saber algumas respostas possíveis, continue lendo.

A solução de Zenão.

A origem do interesse pelas supertarefas é geralmente atribuída ao filósofo grego Zenão de Elea. (489-431 aC). Zeno afirmou que o movimento era impossível, com base neste raciocínio:

Suponha que nosso protagonista, vamos chamá-lo de Aquiles, queira ir de A a B.

Para fazer isso, ele deve percorrer metade da distância de A a B, ou seja, imaginando o caminho como A-x-B, Aquiles deve primeiro ir de A a x e depois de x a B.

A ...> x ...> B

Mas para ir de A a x Aquiles deve primeiro percorrer metade desse caminho, ou seja, ele deve ir de A a y e depois a x.

A ...> ... y ...> x „,> B

Para ir de qualquer ponto médio do trecho de A a B, Aquiles deve percorrer metade dessa distância e assim por diante.

Não importa quantas vezes eu execute uma dessas tarefas de "movimento", sempre haverá outra a fazer antes de chegar a B. Consequentemente, de acordo com Zenão, o movimento (ou seja, viajar uma distância diferente de zero em um tempo finito) é um super- tarefa. Zeno argumenta que supertarefas não são possíveis (como essa sequência pode ser completada se para cada movimento feito outro aparece?). Segue-se que o movimento é impossível.

Aquiles e a tartaruga.

O próprio Zenão discutiu essa teoria no apólogo de "Aquiles e a tartaruga". Suponha que Aquiles seja o corredor mais rápido e se mova a uma velocidade de 1 metro por segundo. Aquiles persegue uma tartaruga, um animal conhecido por sua lentidão, que se move a 10 centímetros por segundo. No entanto, a tartaruga começa com uma vantagem de 90 centímetros.

Parece evidente que, depois de um tempo, Aquiles alcança e ultrapassa a tartaruga. No entanto, Zeno argumenta que este não é o caso. Ele afirma que Aquiles, antes de vencer a tartaruga, deve inevitavelmente chegar ao ponto de onde a tartaruga começou sua jornada.

No entanto, no tempo que levou para chegar lá, a tartaruga já se mudou para outro local.

Tudo isso se repete várias vezes: toda vez que Aquiles chega ao ponto onde estava a tartaruga, a tartaruga já atingiu um novo ponto.

Seu primeiro trecho terá 0,9 metros, continuará com mais 0,09 metros, depois 0,009 metros, e assim por diante, indefinidamente. Essas distâncias continuam a diminuir, mas nunca chegarão a zero, e a perseguição de Aquiles à tartaruga torna-se uma supertarefa interminável. Esse paradoxo em particular atraiu muitos comentários; muitos argumentam que é possível encontrar uma brecha no senso comum.

A solução de James Thomson.

Quanto à Thomson Lamp, se continuarmos dividindo os segundos restantes por dois, nunca chegaremos a zero, mas continuaremos indefinidamente. Parece não haver maneira de responder a esta pergunta.

Thomson diz que a lâmpada não pode ser ligada, porque nunca houve um momento em que ela foi acesa sem ser desligada novamente logo depois. Da mesma forma, a lâmpada não pode ser desligada, pois nunca houve um momento em que ela foi desligada sem ser religada logo em seguida. De acordo com o raciocínio de Thomson, a lâmpada não está ligada nem desligada. Mas de acordo com a lógica, a lâmpada deve estar ligada ou desligada. Esta é uma contradição insolúvel.

A solução da física quântica.

Tanto Zenão quanto Thompson pressupõem uma realidade "contínua", onde cada ponto pode ser dividido em dois infinitamente. A física quântica mostrou que a realidade é quantizada, ou seja, granulada. Não é possível dividir ainda mais uma quantidade física abaixo de uma quantidade infinitesimal chamada "quantidade de Planck". Então no final a lâmpada estará acesa ou apagada, mas não sabemos exatamente como será porque não sabemos quando as divisões não poderão mais continuar, ou seja, quando atingirão o limite definido por "granulação quântica".

Metafísica da ciência. O universo é a soma de muitos objetos ou é um único objeto?

"Metafísica da ciência. O universo é a soma de muitos objetos ou é um único objeto?".

O que é a metafísica da ciência.

Para começar, devemos partir da conhecida e enraizada desconfiança que existe entre metafísicos e cientistas. O grande problema é a idiossincrasia recíproca das duas disciplinas em relação a qualquer tentativa de incorporá-las em um recipiente unitário. Portanto, a própria definição de "metafísica da ciência" surge em meio a grandes reservas.

Teoricamente, a metafísica de uma determinada ciência empírica deve nos permitir investigar as questões metafísicas que surgem dentro dessa ciência.

Por exemplo, no imenso vale da física clássica, erguem-se monumentos indestrutíveis, como a natureza do espaço e do tempo. Quanto ao uso prático do espaço ou do tempo, tudo é cognoscível e mensurável, a ciência pode resolver tudo. Mas será possível investigar por meios empíricos onde o espaço e o tempo começam e onde terminam? O que havia antes do tempo e o que está além do espaço? Aqui a ciência desiste e a questão se torna metafísica.

O problema é que a ciência não aceita especulações metafísicas sobre esses temas, e a metafísica contesta algumas certezas da ciência. Aqui está a dificuldade de combinar as duas abordagens na "metafísica da ciência".

Metafísica das ciências biológicas.

O mesmo acontece na biologia. De acordo com a ciência biológica, os organismos vivos são caracterizados por sua sensibilidade e sua atividade autônoma, graças à dinâmica interna do metabolismo. Portanto, um organismo vivo é um corpo capaz de constituir autonomamente sua própria substância, obtendo-a dos elementos que o ambiente lhe disponibiliza. Isso é tudo.

Em vez disso, a metafísica da biologia coloca o problema de por que um organismo vive e do que é "vida". A metafísica investiga para descobrir se a vida (e a morte) são algo fundamentalmente diferente dos processos químicos que tornam "existente" ou não uma agregação biológica.

Metafísica da mecânica quântica.

Para a ciência, o universo é um objeto especial feito de matéria, que contém todos os outros objetos materiais. Em vez disso, quando a metafísica investiga o universo, ela o vê como um único objeto fundamental, o "Unus Mundus".

Da física quântica vem uma grande mão de apoio a essa tese metafísica, chamada monismo.No contexto dos estudos metafísicos sobre esse tema, o filósofo Jonathan Schaffer chegou a argumentar que o universo, se desejado, pode ser considerado uma agregação de diferentes objetos. No entanto, a soma dos objetos únicos é menor que o "todo".

Jonathan Schaffer afirma que o universo é um grande sistema "emaranhado", isto é, entrelaçado, atado. Descrevi em vários posts anteriores o fenômeno do emaranhamento entre duas partículas "relacionadas", ou seja, nascidas de um mesmo evento. Essas partículas, mesmo colocadas a imensas distâncias, comportam-se como se fossem uma única partícula. Isso acontece no laboratório. Mas, é claro, TODAS as partículas do universo estão relacionadas porque surgiram do mesmo grande evento inicial, o Big Bang.

Além disso, mesmo em nível científico, o universal emaranhado pode ser reconhecido sem dificuldade, considerando que a equação fundamental da teoria quântica, a chamada equação de Schrõdinger, implica o entrelaçamento de todas as coisas. Diante desse argumento que é científico, a tese metafísica da unicidade do universo não pode ser contestada por um cientista objetivo. Talvez a física quântica seja o primeiro caso em que a disciplina da "metafísica quântica" adquire dignidade ao se tornar mais do que um termo enunciativo vazio.

Portanto, se o universo é o objeto principal do qual todos os outros estão contidos, mas a soma de suas partes vale mais do que a soma das partes individuais, então o universo é mais fundamental do que todas as suas partes. Ou seja, se o universo é o ÚNICO objeto fundamental, também é "UM ÚNICO" objeto fundamental.

Mentes iluminadas. Einstein e a telepatia.

"As mentes iluminadas, os últimos japoneses e o coro estridente dos macacos".

Uma mente iluminada não exclui nada de antemão.

Em 1930, o estudioso Upton Sinclair publicou uma de suas obras mais famosas, "Mental Radio", na qual descrevia os experimentos realizados no campo da telepatia. Poucas pessoas sabem que a edição alemã incluía um prefácio escrito por Albert Einstein que começava com estas palavras:

> "Li o livro de Upton Sinclair com grande interesse e estou convencido de que merece a mais alta consideração."

Estas poucas palavras de Einstein são um exemplo muito claro do que pode distinguir um cientista com uma mente brilhante da massa de mentes medíocres. Einstein sempre foi animado por uma profunda curiosidade e sede de conhecimento. Não excluiu nada a priori, mas em todo caso não desistiu de investigar, de experimentar. Isso o levou a desenvolver teorias, como a relatividade, que ninguém havia imaginado e nas quais ninguém acreditaria exceto alguém como ele, uma mente livre de preconceitos.

Embora duvidoso, Einstein projetou o experimento EPR.

Com o mesmo critério, Einstein, embora não compartilhando as implicações da física quântica, não a rejeitou a priori, mas concebeu o experimento EPR para verificar quão real era essa teoria, mesmo além de qualquer hipótese crível. Graças a essa possível abertura de Einstein foi possível, em 1980, realizar praticamente o experimento EPR (revisitado por Bell) que forneceu a prova definitiva do emaranhamento de partículas elementares.

Da mesma forma, o Prêmio Nobel Wolfgang Pauli não desprezou a colaboração com o psicoterapeuta Carl Gustav Jung na elaboração da teoria da sincronicidade.

Os últimos japoneses do Pacífico e os bugios.

Essas (e muitas outras) mentes esclarecidas são contrastadas pelos últimos japoneses do materialismo, que insistem em negar a evidência com argumentos absurdos. Eles querem negar a existência de um nível de realidade no qual todas as regras da física clássica não se aplicam mais. Nesse nível, o tempo e o espaço não existem mais. Portanto, é um nível absolutamente livre das restrições da matéria. Podemos dizer um nível psíquico?

Os cientistas quânticos cunharam o termo "não-localidade".

Por fim, há o coro de macacos que criticam e insultam aqueles que falam da união entre psique e matéria. Fazem isso só para passar o tempo, sem saber por que fazem, sem se opor a argumentos racionais, mas apenas guinchos desajeitados. Obviamente, os últimos japoneses devem ser respeitados porque defendem as crenças honestas de uma vida inteira, sobre as quais também podem ter construído carreiras e sucessos. Mas os macacos que gritam sem saber o porquê, são um pouco patéticos, na verdade muito patéticos.

Os materialistas repensam isso.
Contraordem: a alma existe.

"Os materialistas repensam isso. Contraordem: a alma existe".

Contraordem: a alma existe. Um cientista ateu afirma que a alma está lá, é composta de flutuações quânticas. Um exemplo brilhante de ciência intelectualmente honesta é a de Roger Penrose e Stuart Hameroff. Há mais de vinte anos os dois, um médico e um físico teórico, se dedicam a estudos aprofundados para tentar entender o que é a consciência.

Uma ironia de natureza divina.

Começaremos falando sobre ironia humana e ironia divina. No plano humano, um grande mestre da ironia foi certamente Sócrates, que conseguiu fazer com que suas ideias fossem enunciadas por quem não as compartilhava. Partindo de posições aparentemente compatíveis com as convicções de seus oponentes, Sócrates as contestou usando uma técnica ou arte particular chamada maieutica, semelhante à profissão de parteira. A parteira dá à luz filhos, e assim Sócrates deu à luz sua verdade, arrancando-a da boca dos adversários com quem conversava.

No plano celestial, todas as divindades que o mundo conheceu tiveram uma característica quase universalmente comum: a ironia. Eles se aplicam a todos os versículos do Salmo 2:

"Por que os povos conspiram, por que os povos conspiram em vão? Quem habita nos céus ri disso, o Senhor zomba deles lá do alto".

Estranhamente, esse aspecto do caráter dos deuses nunca foi particularmente destacado por aqueles que, por outro lado, os representavam e defendiam com grande seriedade. Provavelmente fazia parte do destino dos deuses irônicos ter pouquíssimos servos irônicos, como Giordano Bruno notou em sua pele.

Espero não ser irreverente imaginando que às vezes até a grande Inteligência que rege o universo faz um espetáculo de ironia, no mesmo sentido em que Sócrates a pretendia e praticou. Ou seja, a "Inteligência Universal" traz sua verdade precisamente daqueles que a negaram até o dia anterior.

Crenças difíceis de erradicar.

Claro, há uma grande diferença de comportamento. Alguns, depois de terem apoiado uma tese errônea, continuam a fazê-lo teimosamente, mesmo quando todas as evidências apontam claramente contra eles. Refiro-me àquela ampla franja da cultura materialista que, apesar de enfrentar todas as evidências que a física quântica está fornecendo sobre a relação inteligente que une todo o cosmos, continua negando a existência de um componente psíquico no cosmos. Há pseudo-cientistas que sustentaram ao longo de suas vidas que só existe matéria e que o próprio homem é uma marionete que trabalha em um relógio com base em mecanismos já predeterminados. Depois de acumular honras e benefícios dentro dessa comunidade científica que nega qualquer conceito de espiritualidade, eles agora são obrigados a não se afastar do erro.

O outro lado da moeda.

No entanto, há cientistas intelectualmente honestos que, apesar de partirem de uma formação básica ateísta e materialista, diante dos resultados de suas próprias pesquisas sabem como alterar seu pensamento e não têm escrúpulos em tornar públicas suas novas crenças.

Entre eles, muitos fundadores da física quântica. Por exemplo, Werner Karl Heisenberg, um físico alemão conhecido por seu "princípio da incerteza", Prêmio Nobel de Física em 1932. Heisenberg afirmou ter recebido grande ajuda na compreensão dos mecanismos quânticos graças à sua experiência mística na filosofia Vedanta.

Erwin Schrodinger, Prêmio Nobel de Física de 1933, também escreve em sua biografia "Meine Weltansicht", referindo-se à espiritualidade oriental:

> "A multiplicidade é apenas aparente. A experiência mística da união com Deus conduz regularmente a este ponto de vista, contrário aos fortes preconceitos presentes no Ocidente".

Schrõdinger não acredita na multiplicidade de coisas previstas pelo materialismo, mas em uma visão espiritual do cosmos onde "tudo é Um".

Um ateu estabelece que a alma existe.

Um exemplo brilhante de ciência intelectualmente honesta é a de Roger Penrose e Stuart Hameroff. Há mais de vinte anos os dois, um médico e um físico teórico, se dedicam a estudos aprofundados para tentar entender o que é a consciência.

Roger Penrose, matemático, físico e cosmólogo britânico, é conhecido por seu trabalho no campo da física matemática. Ele nasceu em 1931 em Colchester, Reino Unido, então, no momento em que escrevo, ele tem 87 anos.

Professor emérito da Universidade de Oxford, Penrose ganhou o Prêmio Wolf de Física, a Medalha Copley, a Medalha Eddington, a Medalha Einstein e muitas outras honrarias importantes. Ele foi um teórico dos "buracos negros com estudos realizados com Stephen Hawking. Finalmente, em 2020, ele recebeu o Prêmio Nobel de Física" por ter descoberto que a formação de buracos negros é uma previsão robusta da teoria geral da relatividade "

Ele passou a maior parte de sua vida desenvolvendo fórmulas matemáticas capazes de desvendar os mistérios do universo, dos buracos negros à consciência humana. Não é irrelevante notar que Penrose é um ateu convicto.

Stuart Hameroff é um anestesista americano, nascido em Buffalo em 1947. Atualmente é professor da Universidade do Arizona e é conhecido por promover o estudo científico da consciência e por suas teorias sobre os mecanismos que a governam.

Recentemente Penrose e Hameroff publicaram um artigo na Physics of Life Reviews, no qual expõem a teoria sobre a existência de "algo" que sobrevive ao corpo físico após sua morte.

A alma é composta de flutuações quânticas.

Como explico em muitos posts anteriores, a física quântica é probabilística; sempre há muitas probabilidades de que uma ação ocorra de uma determinada maneira. Por exemplo, se você enviar um fóton para uma barreira com duas fendas, esse fóton passará por AMBAS. No entanto, se esse fóton é "observado" por um observador, diz-se que ele colapsa em uma única escolha, ou seja, atravessa uma única fenda.

Na prática, há muitas probabilidades que são todas possíveis, e é o observador que pode fazê-las "colapsar" todas de uma vez. Essa única possibilidade torna-se realidade para o observador. Portanto, cada observador pode obter uma "realidade" diferente. Da mesma forma, cada nova observação produz uma realidade diferente.

Penrose e Hameroff documentaram que nos neurônios humanos, e em particular nos microtúbulos presentes nos mesmos neurônios, ocorre um processo de flutuações quânticas pelo qual as várias ações possíveis colapsam em uma única. A resultante de todos esses colapsos é uma "nebulosa" de flutuações quânticas capaz de sobreviver à morte do corpo físico. Sendo a soma de todos os "colapsos", ou seja, de todas as escolhas feitas na vida, essa "nebulosa" pode representar a consciência, ou a alma, do indivíduo.

Perguntas perturbadoras..

A pergunta que podemos nos fazer neste momento é esta: uma vez que sobrevivem à morte do corpo, quantas dessas nebulosas quânticas individuais nos cercam?

Esta simples afirmação evidencia quão profundo e insondável é o mistério das almas. Será que são essas nebulosas que formam a nebulosa ainda maior que Jung chamou de inconsciente coletivo? Na verdade, Jung hipotetizou precisamente isso, ou seja, que o inconsciente coletivo continha a experiência de toda a humanidade vivida anteriormente.

Essa observação nos familiariza com o conceito de inconsciente coletivo, tira-o de uma certa uniformidade cinzenta e anônima e o reveste do que há de mais precioso, ou seja, a memória de pessoas que viveram há mil anos. Mas não só destas, também das memórias mais queridas, relativas às pessoas que conhecemos na nossa vida até tempos muito recentes.

E, finalmente, podemos arriscar uma hipótese bastante perturbadora. Se as almas dos mortos fossem realmente a agregação de todas as flutuações quânticas de sua vida e, portanto, fossem INFORMAÇÃO, não seria possível a tecnologia, num futuro próximo ou distante, interceptar e decodificar essa informação? E não seria possível, devido aos misteriosos mecanismos inerentes à mente humana, que pessoas particularmente sensíveis já hoje consigam dialogar com essas "nuvens de informação", ou seja, com as "almas" dos mortos?

Paradoxos e tópicos relacionados.

O quarto chinês.

"Os computadores terão consciência humana? Da "Touring Machine" à Sala Chinesa".

No jargão da teoria computacional, uma "máquina de Turing universal" (MTU) é uma "máquina de Turing" capaz de simular o comportamento de qualquer outra "máquina de Turing". Essa "máquina" foi proposta em 1936 por Alan Turing, na tentativa de dar uma resposta negativa ao problema da decidibilidade, o chamado "Entscheidungsproblem", proposto por David Hilbert em 1928.

A "máquina de turismo" tem a particularidade de utilizar regras de natureza muito simples, ou seja, pode ser descrita como constituída por mecanismos elementares, de modo que se torna possível sintetizar o seu trabalho por meio de descrições mecânicas bastante intuitivas.

Apesar disso, consegue desenvolver o mais alto grau de computabilidade a ponto de poder realizar todos os cálculos que podem ser realizados pelos demais modelos computacionais conhecidos pelo homem.

Por exemplo, as "funções recursivas" de Jacques Herbrand e Kurt Gödel, o "cálculo lambda" de Alonzo Church e Stephen Kleene, a "lógica combinatória" de Moses Schönfinkel e Haskell Curry, os "algoritmos de Markov", as "máquinas de Hao Wang", os "sistemas de registro elementares" ou por Marvin Minsky, os "sistemas Post", os "sistemas Thue", e assim por diante.

Daí surge a "conjectura de Church-Turing", segundo a qual para cada função computável existe uma máquina de Turing equivalente.

A "máquina Dennett"

Em 1942, Daniel Clement Dennett, filósofo, lógico e psicólogo americano, referindo-se ao MTU de Alan Turing, argumentou que a inteligência, como um todo, pode ser dividida em uma série de tarefas elementares, cada uma das quais pode ser executada por uma máquina. De acordo com Dennett, os processos que ocorrem no cérebro nada mais são do que realizações mecânicas de pequenas "máquinas". Essas "máquinas" teriam sido desenvolvidas pela seleção natural para fazer seu trabalho sem a necessidade de qualquer intervenção fora do cérebro, muito menos se hipotetizadas na forma de "consciência".

As pequenas "máquinas Dennett" seriam capazes de realizar os processos de seleção de informações produzindo um fluxo de "elementos de consciência", ou "conscientes". Esse fluxo é instável, mas, conforme necessário, os processos das máquinas de Dennett se combinam para formar um sentimento semelhante à consciência plena e completa. Portanto, de acordo com Dennett, a ideia de que todos os nossos atos mentais são coordenados por uma consciência externa ao cérebro é uma ilusão.

O quarto chinês de Searle.

Essa teoria é contestada por John Searle, professor de filosofia da Universidade da Califórnia em Berkeley, conhecido por suas contribuições à filosofia da linguagem e à filosofia da mente. Em 2000 Searle recebeu o "Prêmio Jean Nicod". Este prêmio é concedido anualmente em Paris a um proeminente filósofo ou cientista cognitivo orientado para a filosofia.

Para desafiar a teoria de Bennett, John Searle concebeu o experimento mental chamado "Sala Chinesa". O experimento visa demonstrar que é errado assimilar a "mente" humana a uma máquina computacional, ou seja, a um computador, pois nenhum computador pode "pensar" da mesma forma que os seres humanos. A Searle assume que um computador pode processar informações, mas sem entender a semântica da linguagem na qual a informação é fornecida.

Searle descreve seu experimento mental da seguinte maneira: Imagine uma pessoa, por exemplo John, sozinha em uma sala. John recebe do lado de fora pedaços de papel contendo ideogramas chineses e um manual (na língua de John) sobre a composição de ideogramas. Sua tarefa é colocar os ideogramas em uma ordem lógica.

Mesmo que John não entenda chinês, ele ainda é capaz de estabelecer uma regra de associação. Ele pode fazer isso com base no manual, bem como na semelhança e forma dos ideogramas. Assim, John consegue colocar os ideogramas em uma ordem significativa.

Em analogia com a linguagem de computador, John pode ser assimilado a um computador. A série de ideogramas fornecidos a John seria uma espécie de banco de dados. O manual substitui um programa: graças ao manual e, portanto, ao conhecimento das regras, John é capaz de colocar em ordem os vários ideogramas que recebeu. No entanto, por ser ignorante da língua chinesa, John nunca será capaz de entender o real significado dos ideogramas.

Searle argumenta que um computador se encontraria em uma situação semelhante à de John, que poderia manipular caracteres chineses sem entender seu significado. Da mesma forma, os computadores podem classificar dados entendendo regras sintáticas, mas não podem entender o significado semântico desses dados.

Em última análise, o computador e qualquer inteligência artificial nunca podem simular o comportamento da mente humana. Isso porque a mente humana, diante de problemas complexos, quando uma emergência o exige, é capaz de "sair do programa" e dar um salto, para estabelecer uma nova conexão. A mente pode imediatamente elaborar um programa completamente novo e imprevisível, descartando quaisquer suposições previsíveis previstas no programa inicial. A mente pode colocar em jogo dados que não estavam presentes entre os fornecidos originalmente. Em última análise, o computador opera na sintaxe, não na semântica.

Uma mente elementar vale mais que um supercomputador.

A experiência da sala chinesa tem sido criticada, com argumentos bastante complicados, pelos habituais círculos materialistas que não querem abrir mão da ideia de que o ser humano nada mais é do que um robô.

Acredito que existam argumentos auto-evidentes úteis para contestar a tese de um cérebro mecânico, desprovido da necessidade de ser sustentado por uma consciência incorpórea e externa ao cérebro.

Bastaria comparar o comportamento emocional dos seres humanos e o (caso existisse) de um computador ou de um robô.

Por exemplo, acho que nunca será possível implementar esse componente psíquico que Freud e Jung definem "libido" em um robô, embora com significados diferentes.

No caso de Jung, o termo 'libido' designa a energia psíquica geral, presente em tudo o que é 'apetitus' ou 'pulsão vital', não necessariamente sexual, como gostaria Freud. O desejo despertado pela libido é uma necessidade do corpo como fome, sede, sono, sexo ou estados emocionais e afetivos. Este impulso não é controlado por qualquer tipo de autoridade, moral ou de outra natureza. Para o psicanalista suíço, a libido se expressa apenas por meio de símbolos, que fazem a mediação entre as partes consciente e inconsciente do ser humano. Em um segundo período, Jung abandonou o termo "libido", preferindo o de "energia psíquica" para significar o que pode motivar o indivíduo em nível espiritual, intelectual e criativo, e para se distinguir da libido freudiana

Um robô algum dia possuirá energia psíquica?

Talvez fosse por causa de sua aparência, mas por muito tempo os neandertais tiveram uma reputação de falta de inteligência, embora ultimamente ele seja objeto de uma forte reavaliação. Mas considerando-o como um exemplo de inteligência certamente primitiva e não desenvolvida como a do moderno "sapiens sapiens", um computador será capaz de igualá-lo?

Na década de 1950, os restos do túmulo de uma jovem foram encontrados em um sítio neandertal em Shanidar, no Curdistão iraquiano, durante as escavações realizadas pelo arqueólogo Ralph Solecki, da Universidade de Columbia, em Nova York. Antes de ser enterrada, aquela garota havia sido coberta com buquês de flores, como evidenciado pelo pólen ainda presente em seu esqueleto. A evidente homenagem floral de uma família de luto, ou um companheiro deixado sozinho. Escavações recentes no mesmo local confirmam o costume destes enterros.

Portanto, vou acreditar que o computador pode se igualar à mente humana quando vejo um robô se apaixonar por outra máquina, e depois sentir pena de sua "morte" e "enterrá-lo" honrando seu corpo como os neandertais fizeram 50.000 anos atrás. E também gostaria que este computador, realizando a lamentável cerimônia, tivesse a secreta esperança de reencontrar sua "amada máquina" em uma hipotética "vida após a morte".

A navalha de Occam.

"A navalha de Occam".

Um famoso fragmento do poeta grego Arquíloco diz o seguinte:

> "A raposa sabe muitas coisas, enquanto o ouriço sabe apenas uma, mas mais importante".

Em 1953, o filósofo letão Isaiah Berlin, refletindo sobre o significado deste aforismo, criou uma de suas obras mais famosas: "O ouriço e a raposa". Naturalmente, os dois animais indicam dois métodos diferentes de abordar as realidades da vida, que são aprofundados por Isaiah Berlin.

As raposas são animais astutos, dotados de uma inteligência flexível e versátil, que implementam sempre que desejam caçar um ouriço para se alimentar. Os ouriços, por outro lado, têm uma crença única, mas muito pragmática: na presença de raposas, elas se enrolam como bolas espinhosas.

Quem vencerá, a técnica de caça multifacetada da raposa ou a única estratégia defensiva do ouriço? O ouriço sempre vence.

O ouriço, de fato, aprendeu que seria inútil exibir inventividade e genialidade para organizar uma defesa melhor. A única técnica que ele conhece funciona muito bem, e não é necessário complicá-la.

Sem ter estudado filosofia ou artes militares, nosso amigo espinhoso aplica um princípio que normalmente é chamado de "Navalha de Occam". (ou de Ockham). É um princípio que pode ser enunciado da seguinte forma:

"Não multiplique os elementos mais do que o necessário"

Ou:

"É inútil fazer usando mais recursos o que você pode fazer usando menos"

A navalha de Occam é um princípio metodológico, chamado em latim "Novacula Occami", que tem um pragmatismo muito moderno, mesmo que remonte a Arquíloco ou talvez seja ainda mais antigo. No entanto, a tradição diz que foi exibido organicamente pelo frade franciscano inglês William de Ockham. Este princípio também é chamado de "princípio da economia". É citado em diferentes formas, mas a mais usada é "as entidades não devem multiplicar mais do que o necessário" (non sunt multiplicanda entia sine necessitate).

O princípio de Occam na ciência moderna.

Este princípio foi emprestado acima de tudo dos círculos científicos, na verdade, é a base do pensamento científico moderno. Simplificando, postula que é inútil formular mais hipóteses do que o necessário quando se busca a explicação de um determinado fenômeno. Geralmente as hipóteses iniciais são mais que suficientes para dar respostas válidas sem perder tempo inventando outras.

Hoje é difícil encontrar exemplos de ciência para ciência, mas a ciência é quase sempre a serva dos negócios, por isso tem que andar a passos largos, tem que pensar cada vez mais rápido para trazer rapidamente para casa resultados válidos. Assim, a navalha de Occam torna-se uma metodologia quase indispensável na pesquisa.

Esta é uma mudança importante desde o momento em que o princípio foi enunciado. Aconteceu que os experimentadores da época, mais simplesmente definidos como pensadores, se perderam na demonstração de teorias muito complicadas, densas com ramificações igualmente complicadas. Dessa forma, acabaram perdendo de vista o objetivo da pesquisa.

É por isso que os cientistas gostam muito da busca da simplicidade.Entre os que enfatizaram sua importância estão, por exemplo, Galileu, Newton, Lavoisier e Einstein.

No entanto, um filósofo incômodo poderia fazer uma pergunta embaraçosa, o que também teria criado problemas para Guilherme de Occam. O que é simplicidade?

Mas talvez William não ficasse constrangido com essa pergunta. Ele tinha um conceito muito preciso de simplicidade: como o mundo foi criado por Deus apenas com base em sua vontade, todos os conceitos relativos a regras e leis são inúteis.

No entanto, uma abordagem menos fideísta deve se adequar ao uso científico que se faz da navalha de Occam, pois quando a ciência traz à tona um valor ela deve defini-lo, principalmente se o utiliza como discriminador em suas avaliações.

Especialmente porque a ciência condena o uso de lâminas de barbear naqueles campos definidos com um certo fedor debaixo do nariz "pseudociências".

As chamadas pseudociências seriam aquelas que tentam explicar fenômenos mais ou menos misteriosos, muitas vezes ligados à psique como fenômenos extra-sensoriais, mas às vezes também ligados à matéria. Isso decorre do fato de que, para explicar uma teoria mais ou menos misteriosa, são hipotetizadas outras ainda mais improváveis.

Tomemos o caso das muralhas ciclópicas pré-históricas, presentes em todo o planeta e construídas com uma técnica tão refinada que ainda hoje não pode ser imitada.

São maravilhas arquitetônicas e não sabemos como esses povos antigos conseguiram fazê-las. Portanto, há quem proponha que isso só foi possível graças a tecnologias alienígenas. No entanto, segundo a navalha de Occam, seria mais lógico acreditar que os construtores primitivos conseguiram por conta própria explorando engenhosamente os conhecimentos da época. Dessa forma, podemos eliminar hipóteses complexas, como a de que os alienígenas existem, chegaram à Terra, se comunicaram com esses povos e partiram sem deixar vestígios. A navalha de Occam permitiria eliminar essas complicadas hipóteses para sustentar, mantendo válida a hipótese de que nós mesmos construímos aquelas paredes.

Da mesma forma poderíamos contestar a existência de um paraíso terrestre, uma hipótese não comprovada que só poderia ser demonstrada propondo outra hipótese não comprovada, a da existência de Deus.

Mas o que é simplicidade?

Portanto, a ciência, fortalecida por seus pressupostos, estabelece o que deveria ser simples, ou mais simples, ou menos simples, ou não simples.

Então vamos tentar definir "simplicidade".

Primeiro, vamos estabelecer que existem diferentes tipos de simplicidade.

Simplicidade quantitativa: é aquela que requer menos elementos para definir uma realidade.

A simplicidade qualitativa: é aquela que requer menos tipos diferentes de entidades.

A simplicidade do processo: aquele que requer menos etapas causais.

A simplicidade que requer o uso de menos hipóteses auxiliares do que a hipótese principal.

A simplicidade da simetria: aquela que apresenta menos assimetrias do que uma hipótese de referência.

... E outros tipos podem ser imaginados.

A filosofia da ciência propõe pelo menos uma dúzia de definições diferentes de simplicidade. As hipóteses de simplicidade também podem ser subjetivas: podemos definir simplicidade de acordo com o que acreditamos sobre a realidade em que vivemos: quantas partículas elementares existem, quantas forças elementares existem. As forças elementares conhecidas hoje são quatro, mas já se fala de uma quinta. As partículas então (um detalhe não insignificante, já que somos feitos de partículas) são inúmeras, pois novas são continuamente descobertas.

Conclusão: como estabelecemos a simplicidade de um tópico que pode ser mais simples quando visto de um desses ângulos, mas menos simples quando visto de outros ângulos?

Afinal, a ciência está transbordando de teorias simples que se mostraram erradas e foram substituídas por teorias mais complicadas.

Veja a crença de Ptolomeu de que a Terra estava no centro do universo, Veja a crença de Galileu de que as órbitas dos planetas eram circulares. Veja a crença de Lavoisier de que a Tabela dos Elementos continha 33 substâncias elementares (hoje conhecemos 118). Veja a teoria de Einstein sobre a existência do éter.

A navalha de Occam em nossa vida diária.

No que nos diz respeito, a beleza é que podemos decidir com total arbitrariedade o que é simples e o que não é.

Claro, se usássemos a navalha de Occam para racionalizar nossos amigos no Facebook, encontraríamos muito o que cortar. Poderíamos estabelecer que a qualificação de "mais simples" deve ser atribuída aos mais educados, ou mesmo aos rudes, desde que sejam belos.

Na vida já usamos a navalha da Occam quando decidimos nos abastecer apenas nas lojas mais baratas, ou pegamos as mais estimulantes pela variedade de produtos, ou qualquer outro critério. Quando descobrimos uma nova loja, nós a "raspamos" ou não.

Portanto, ao final de um longo discurso, eu diria que conversamos sobre algo que conhecíamos muito bem, mesmo que alguém não soubesse que se chamava assim. Acontece.

Algumas palavras sobre Guilherme de Ockham.

Nasceu em Ockham, Surrey, no final do século XVIII. 13°. Morreu em 1349 ou 1350.

Tendo entrado na ordem franciscana, estudou em Oxford, onde em 1319 foi professor. Durante este período, ele estava particularmente preocupado com problemas filosóficos. Acusado de heresia, em 1324 Ockham teve que se apresentar à cúria papal, em Avignon, onde ficou detido por quatro anos. Quando conseguiu escapar, foi para Pisa com o padre geral da ordem franciscana, Michele da Cesena. Michael também estava em conflito com o Papa João XXII, na questão da pobreza da ordem. Com eles também estava seu irmão Bonagrazia de Bérgamo, que também estava em conflito com o pontífice. Os três franciscanos foram excomungados, mas receberam proteção do imperador e se retiraram para Munique. Nesta cidade William Ockham escreveu seus tratados políticos, em apoio à política do imperador, que queria libertar a autoridade imperial da do papado.

"Oves et boves et universa pecora". Em que fazenda vivemos?.

"Imagens pós-orwellianas?".

Vamos fazer um exercício de imaginação imaginando nosso planeta como uma grande fazenda, onde cada um de nós desempenha um papel semelhante ao de vários animais. Na verdade, todos aspiraríamos a ser os fatores governantes da fazenda, mas nosso papel é muito menor. Uma hipótese arriscada e mortificante? Talvez não. Esta quinta orwelliana poderá ser o ponto de partida que conduzirá, através de sucessivos sincronismos culturais, à conquista do "Ponto Ómega".

Oves et boves.

A frase "Oves et boves" é bastante semelhante à usada atualmente, onde se lê "Cães e porcos", ou seja, "todos". Do ponto de vista etimológico, trata-se de uma antiga fórmula notarial, utilizada em casos de venda de uma fazenda com todo o gado. Com "Oves et boves" queremos dizer animais preciosos como ovelhas e gado, provavelmente também porcos. Para maior escrúpulo foi acrescentado "et universa pecora", com referência ao "pecus", isto é, todos os outros pequenos animais como, por exemplo, galinhas e outras aves, gatos, cães, anfíbios, roedores, etc., até carrapatos de cães, minhocas e moscas da uva. De fato, nenhum ser vivo poderia escapar do domínio exercido pelo fator em sua propriedade.

Neste ponto, podemos fazer um exercício de fantasia imaginando nosso planeta como uma grande fazenda, onde cada um de nós desempenha um papel semelhante ao dos oves, ou boves, ou a categoria mais baixa chamada "et universa pecora". Na verdade, no entanto, todos nós preferiríamos ser donos da fazenda.

Uma hipótese arriscada e mortificante? Não tão. Vamos pegar uma das fazendas fictícias mais conhecidas, por exemplo.

Fazenda de Orwell.

Animal Farm é um conto alegórico de George Orwell publicado pela primeira vez em 17 de agosto de 1945.

O romance se passa em uma fazenda perto de Willingdon, na Inglaterra, onde os animais, cansados de serem submetidos à exploração de seu fazendeiro, se rebelam. A revolta é bem sucedida, e os animais renomeiam a fazenda como "Fazenda dos Animais". Nesse ponto, eles escrevem os Sete Mandamentos: o mais importante é "Todos os animais são iguais".

A fazenda de Orwell é o paradigma de uma grande verdade: nunca houve uma comunidade (animal ou humana) na história humana que não tenha começado com a melhor das intenções, proclamando que "oves et boves são iguais a todos os outros animais.

Infelizmente, esse princípio de equalização é sempre anulado pela existência de um "fator" que escreve as regras e, portanto, é mais igual que os outros.

A comunidade humana.

A comunidade humana como um todo, e cada comunidade, nunca escapa a essa regra. Do ponto de vista da organização social, há sempre um rei que, pelo bem de seu povo, os manda morrer fazendo guerras em nome de ideais improváveis como "a defesa das fronteiras sagradas" ou outras motivações extravagantes.

Do ponto de vista da organização espiritual, as castas religiosas de todos os tempos pregaram a igualdade dos homens apenas para estabelecer que as castas são mais iguais, podendo reivindicar o poder de estabelecer regras e impor cerimoniais, verdades reveladas e dogmas.

Ao nível das relações individuais, em todas as sociedades, até às "fazendas familiares", solidificam-se costumes e hábitos que estabelecem prioridades e direitos reservados apenas a alguns, por exemplo, aos indivíduos do sexo masculino, enquanto outros grupos sociais são subjugados e reduzidos quase a escravidão.

Uma evolução incompleta.

Nosso cérebro está evoluindo de forma extraordinária do ponto de vista das habilidades práticas. Por exemplo, todos somos capazes de dirigir um carro e, no caso de uma ultrapassagem, sabemos fazer cálculos complexos com precisão, como a avaliação da velocidade do nosso veículo, do veículo à nossa frente e do veículo que está chegando na pista oposta. Com esta informação, decidimos se é possível ultrapassar. Fazemos isso sem usar caneta e papel, nem com calculadoras de qualquer tipo. Sabemos usar com maestria ferramentas muito complicadas, como computadores modernos e telefones celulares. Nossa inteligência de "engenharia" evoluiu tremendamente desde que mal sabíamos como lascar qualquer pedra para usar como arma.

No entanto, nossa inteligência e sensibilidade social não se desenvolveram no mesmo grau. Quando nossos interesses estão em jogo, o egoísmo continua a prevalecer..

Será sempre assim?

Muitos dizem que a evolução humana é apenas a soma caótica da aleatoriedade infinita. Na verdade, estamos muito melhor hoje do que nossos ancestrais trogloditas. Digamos que hoje vivemos muito melhor, apesar de nós mesmos. Quase parece que uma "força" nos guiou por um caminho do qual sempre tentamos nos desviar, mas sem sucesso (felizmente).

Enquanto essa força nos guiava no caminho do constante progresso técnico e civil, organizávamos guerras, planejávamos assassinatos e destruições, lutávamos para sermos donos de nossas fazendas.

Felizmente, até agora, a “força” tem sido mais poderosa do que nós, então nossa espécie sobreviveu e hoje estamos aqui lançando sondas em direção a Marte que em breve colonizaremos.

As sincronicidades teorizadas por Carl Jung.

Segundo Carl Jung, psicanalista e filósofo suíço, essa "força" se expressa com ações particulares chamadas sincronicidade. Jung afirmou que as sincronicidades podem ser consideradas como "mensagens" dirigidas a pessoas individuais, e são expressas através da ocorrência de coincidências particulares que ele define como "numinosas". A soma dessas estranhas coincidências poderia levantar “dúvidas” ou “questões” na psique de uma pessoa, levando-a a refletir sobre aspectos particulares de sua vida.

Posteriormente, um exegeta de Jung, Joseph Cambray, aperfeiçoou essa teoria.

Joseph Cambray é um psicanalista junguiano de renome internacional que ocupa cargos importantes em várias associações e é professor titular na Harward Medical School.

Em seu livro "Sincronicidade. Matéria e psique em um universo interconectado "Cambray propõe uma extensão da teoria de Jung, e sugere que na base de muitas evoluções culturais da humanidade existe um "mecanismo sincronístico". Esse mecanismo promoveu sincronicidades e as acompanhou em seu desenvolvimento.

Na prática, Cambray potencializa a ação das sincronicidades considerando-as efetivas, tanto na esfera individual, quanto na coletiva de grupos humanos, povos e todo o universo. Ele os define como "sincronicidades culturais".

A título de exemplo, Cambray repropõe os eventos que acompanharam o nascimento da democracia na Grécia antiga em uma chave sincronística.

Essa sincronicidade teria se desdobrado ao longo de um período histórico de décadas. Por fim, culminaria na reforma de Clístenes, ocorrida em 508-507 aC.

Este evento inicialmente interessou um povo pequeno, mas contagiou o mundo e hoje muitas nações praticam um regime democrático.

Portanto, a misteriosa "força" que guia a humanidade para estágios evolutivos cada vez mais avançados pode se assemelhar muito às sincronicidades teorizadas por Carl Jung.

Onde surgem essas sincronicidades? Segundo Jung, sua fonte encontra-se no inconsciente coletivo, que contém toda a experiência da humanidade, na forma de arquétipos. Os arquétipos podem fluir do inconsciente coletivo para o individual na forma de sincronicidade. Quando o fazem, envolvem o indivíduo (ou a comunidade) em um conjunto de coincidências "numinosas".

Se você experimentou eventos estranhos para os quais não consegue encontrar uma explicação lógica, começa a se perguntar se isso não era uma sincronicidade, isto é, uma mensagem para você de uma "consciência universal".

O ponto Ômega e a "fazenda" ideal.

Não podemos esquecer uma profecia formulada por um cientista, Pierre Teillard de Chardin. De acordo com sua teoria, o universo está em constante evolução para níveis mais altos de complexidade e consciência que vão desde a geosfera, até a biosfera e a noosfera. Para Teilhard de Chardin, o universo, se atraído para um ponto supremo de complexidade e consciência, pode se mover na direção de uma complexidade crescente e uma consciência crescente. Para isso Teilhard de Chardin formulou o conceito de "Ponto Ômega". Não é apenas a culminação do processo evolutivo. De fato, o Ponto Ômega é o ápice da complexidade e da consciência.

Então, a humanidade futura está destinada a superar o conceito da fazenda orwelliana? Viveremos em uma fazenda ideal onde todos os animais são realmente todos iguais?

A fazenda ideal, por enquanto, permanece apenas uma profecia mística. Encontramos em um texto religioso, o livro do profeta Isaías (11.6-8):

"O lobo habitará com o cordeiro,

a pantera se deitará ao lado do garoto;

o bezerro e o leão novo pastarão juntos...

A criança brincará no poço da áspide;

a criança porá a mão na cova das cobras venenosas".

Pandemias. É tudo culpa dos morcegos?

"Pandemias. É tudo culpa dos morcegos?".

Os animais são cruéis porque têm de ser, não têm vontade de decidir o contrário e não têm consciência da sua crueldade. A grande diferença é que nós, por outro lado, temos consciência disso. Poderíamos evitar a crueldade. Apesar disso, somos cruéis. Nenhuma parte da criação escapa à nossa ganância. Provavelmente não existe um ser biológico visível que, em algum lugar do planeta Terra, não seja caçado, cruelmente morto, desmembrado e espancado, mais por diversão do que por fome.

A principal fonte da pandemia.

A ciência oficial estabeleceu que a principal fonte da atual pandemia (como em muitas pandemias anteriores) está nos morcegos. O vírus vive em morcegos sem prejudicá-los. Dos morcegos o vírus teria passado para um hospedeiro intermediário, provavelmente uma civeta ou uma cobra, e deste para o homem. Mas como o vírus poderia "saltar" desses animais para os humanos? Simples, ele fez isso porque os humanos normalmente comem todos esses animais e muitos outros. O mercado de Wuhan continha milhares de barracas, muitas das quais comumente vendiam morcegos, civetas e cobras ainda vivas. Isso acontece em quase toda a Ásia. Os compradores arranjam para matar os animais em suas casas, para cozinhá-los. Então, eles são infectados com seu sangue.

Uma entrevista reveladora.

Em 16 de abril de 2020, o jornal italiano "La Repubblica" publicou uma entrevista com David Quammen (autor do conhecido texto "Spillover") por um grupo de estudantes. Aqui estão alguns trechos significativos.

"Sr. Quammen, então o Covid-19 é a grande epidemia, a" Big One "sobre a qual você escreveu?"

"Sim, o Covid-19 é o tipo de epidemia para o qual eu dei o alarme. É a primeira com dimensões globais após o lançamento do meu livro, mas não é a última zoonose com potencial para se tornar uma pandemia. Devemos esperar os outros e para isso devemos nos preparar melhor para que o próximo transbordamento não se torne outro Big One global, outra pandemia".

"Por que essa epidemia estourou agora? Nós humanos fizemos algo errado?"

"Tudo começou como uma coisa pequena, depois que o vírus passou de morcegos para humanos. Começou porque há um contato destrutivo entre o homem e a natureza. Isso é algo que acontece não só na China, mas em todo o mundo. Na China, no entanto, não tivemos sorte desta vez. O vírus que chegou até nós dos morcegos era particularmente versátil, capaz de se replicar em humanos e de passar facilmente de uma pessoa para outra. Não estávamos preparados para isso. Na realidade, os cientistas sabiam que isso poderia acontecer, mas os políticos se recusavam a gastar dinheiro para se preparar para isso. Então agora temos um desastre global".

"Até o vírus Ebola pode ter passado dos morcegos para nós. Não seria mais seguro matar todos os morcegos, ou pelo menos evitar todo contato com esses animais?"

"Sim, muitos novos vírus que causam epidemias em humanos vêm de morcegos. Um vírus semelhante a este provavelmente estava entre eles há milhares de anos, mas a evolução tornou possível que eles não adoecessem. No entanto, a solução não é considerada no extermínio de morcegos. Precisamos dele em nossos ecossistemas. A solução é deixá-los viver em paz".

"Existe uma lição que podemos aprender com o Covid 19 para tentar evitar outras pandemias?"

"Sim, pelo menos dois. Primeira lição, pequena e fácil: vamos deixar os morcegos em paz e longe de nós. Segunda lição, mais difícil: devemos reduzir a destruição do mundo natural e isso significa reduzir o crescimento da população mundial e reduzir o ritmo do nosso consumo".

Uma abordagem errada..

Zoonose é uma infecção que passa de animais para humanos porque compartilhamos o mesmo reino biológico. Mas se somos tão parecidos, por que a transição entre espécies causa efeitos tão devastadores?

As causas certamente devem ser buscadas na abordagem errada que temos com espécies biologicamente semelhantes às nossas, mas não humanas. A nossa não é uma atitude de convivência, mas de roubo. A verdade sobre como vemos nossa relação com a natureza fica clara na pergunta feita por um aluno a Quammen na entrevista citada acima:

"Não seria mais seguro tirá-los todos?"

Essa maneira de raciocinar nos parece natural e compreensível. Não é nem remotamente imaginável que espécies não humanas devam ser respeitadas se nos incomodam.

É extremamente chato ter que imaginar qualquer tentativa de entender suas necessidades. É óbvio que as espécies "inferiores" devem ser aprisionadas, usadas, exploradas, torturadas, mortas, comidas, esmagadas no nada que possuem para dobrá-las, além de uma necessidade real, mas com o maior sadismo, submetendo-as à nossa necessidades mais inúteis.

O homem sempre aplicou esses métodos a outros homens, podemos imaginar se ele pode ser escrupuloso em aplicá-los aos animais.

É verdade que até os animais são cruéis. Os morcegos não têm nenhum problema em triturar centenas de insetos capturados em uma noite de caça com seus dentes afiados. Mas isso faz parte de uma animalidade inelutável, de um instinto que não prevê alternativas.

Os animais são cruéis.

Os animais são cruéis porque têm de ser, não têm vontade de decidir o contrário e não têm consciência da sua crueldade. A grande diferença é que nós, por outro lado, temos consciência disso. Poderíamos evitar a crueldade. Apesar disso, somos cruéis. Nenhuma parte da criação escapa à nossa ganância. Provavelmente não existe um ser biológico visível que, em algum lugar do planeta Terra, não seja caçado, cruelmente morto, desmembrado e espancado, mais por diversão do que por fome.

Quanta carne um morcego de alguns gramas fornece? Em muitos lugares badalados frequentados pela nova burguesia asiática, os morcegos não são servidos como remédio para matar a fome, mas como comida refinada reservada a uma elite de gourmets.

Daí surge o grito de dor insuportável que não vem do poder e da vontade dos animais individuais. É um grito que indigna e rasga a harmonia do universo. O animal pode entender seu destino quando se encolhe no fundo da jaula ou quando encara seu algoz com olhos aterrorizados, mas não pode gritar por vingança, porque não conhece esse sentimento. O animal pode se rebelar coçando e mordendo, mas essa não é a rebelião efetiva.

A verdadeira rebelião é aquela que brota da impotência dos humildes e é gerada pelos espíritos da espécie, das profundezas das harmonias violadas, das divindades tutelares ignoradas, ofendidas e humilhadas, da compaixão do céu e da terra pelos traídos e criaturas estupradas. A alma do mundo chora e clama por vingança para aqueles que não podem fazê-lo. A piedade, pisoteada pelos outros seres, é a mesma que o homem encontra pisoteada quando a busca para si. A misericórdia é a mesma para todos. A misericórdia pisoteada é uma planta que sempre floresce. Sua flor é sanguínea, tem dentes afiados e garras longas e afiadas. Seu nome é Nêmesis.

Não mate.

O mandamento bíblico aparece tanto no capítulo 20 do Êxodo quanto no capítulo 5 de Deuteronômio. Em ambos os casos, o mandamento é de concisão exemplar e diz exatamente assim:

"Não mate."

A brevidade beneficia muito a clareza. Não há condições, advertências ou códigos interpretativos. O comando é seco, peremptório, único em sua enunciação. É fácil de entender e não deixa espaço para interpretações ambíguas.

Nenhum outro livro sagrado havia anteriormente enunciado este mandamento, e ninguém o fez desde então. Como todos os outros, este mandamento não foi escrito apenas para os israelitas no deserto, mas para toda a humanidade e para todos os tempos.

Muitos mandamentos hoje são interpretados de forma diferente da interpretação original. O mandamento "Não matarás" foi interpretado, até agora, no sentido de "Não matarás teu amigo".

Mas o mandamento não diz isso. O texto preciso é "Não matarás".

Provavelmente (e esperançosamente) chegará o momento em que será possível estender a interpretação para o sentido mais literal: não mate, ponto final. Nem mesmo uma mosca? Não, nem mesmo uma mosca.

Para isso, será necessária uma grande mutação evolutiva do homem. O Deus bíblico o previu, e é por isso que ele escreveu claramente "Não matarás" sem especificações ou exceções. Nisto a Bíblia mostra que é o livro para todos os tempos. Não é apenas moderno, é futurista. "Não matarás" é uma instrução que encontrará seu cumprimento em um tempo futuro. Devemos esperar que ocorra uma poderosa mutação da espécie humana.

Mas o universo realmente existe?

"Mas o universo realmente existe? Universo total de energia zero".

Se matéria e energia no universo são zero, então matéria e energia não existem. Então, de qual "fantasma" do universo estamos falando? Esta teoria (apoiada por Stephen Hawking) é baseada na hipótese de que a energia total do universo é exatamente zero. Na prática, a energia positiva devida à matéria seria exatamente contrabalançada pela energia gravitacional negativa.

Universo total de energia zero,

Os cosmólogos quânticos apresentaram uma proposta verdadeiramente surpreendente para responder a essa pergunta.

A proposta consiste na chamada teoria do "Universo com energia total zero".

Esta teoria é baseada na hipótese de que a energia total do universo é exatamente zero. Na prática, a energia positiva devida à matéria seria exatamente contrabalançada pela energia gravitacional negativa e, portanto, seria anulada pelo incontroverso princípio de que, se somarmos +1 a -1, o total é zero.

O que Stephen Hawking pensou.

Stephen Hawking escreve em um de seus artigos:

> "Na região do universo que podemos observar há algo como 10 ^ 80 partículas de matéria. De onde essas partículas se originaram? A resposta é que, na teoria quântica, partículas podem ser criadas a partir de energia na forma de pares consistindo de uma partícula e sua antipartícula. Neste ponto, no entanto, surge o problema de onde essa energia se originou. A resposta é que a energia total do universo é exatamente zero.
>
> A matéria do universo é composta de energia positiva. No entanto, deve-se ter em mente que toda matéria continua se atraindo por meio da força da gravidade. Dois pedaços de matéria colocados próximos um do outro têm menos energia do que dois pedaços idênticos, entre os quais há, no entanto, uma grande distância: isso porque é preciso gastar energia para mantê-los separados contra a força gravitacional, que os aproxima (e cujo efeito , no segundo caso, seria desprezível). Então, em certo sentido, o campo gravitacional tem energia negativa. Se tomarmos então o universo inteiro, é possível demonstrar que a quantidade dessa energia gravitacional negativa é exatamente tal que anula a energia positiva da matéria; de modo que a energia total do universo é zero."

Criação do nada.

A afirmação de Fracastorio em "Cena de le ceneri" (de Giordano Bruno) volta a ser atual. "Nullibi ergo erit mundis. Omne erit in nihilo:" (Então o mundo não estará em lugar nenhum, então estará limpo. Tudo será nada, igual a zero).

De acordo com a teoria do “Universo com energia total zero”, a massa existente no universo, que tem sinal positivo, é exatamente igual à sua energia gravitacional, que tem sinal negativo. Como a expansão do universo gera um aumento na força da gravidade negativa, isso por sua vez gera um aumento na massa de valor positivo.

Portanto. a massa seria criada naturalmente, à custa do aumento da força da gravidade.

Em conclusão, o cientista Edward Tyron acredita que a criação do universo é possível a partir das flutuações quânticas particulares do vácuo inicial que geram pares "partícula-antipartícula". Essas flutuações, partindo de uma região microscópica, teriam originado pequenas heterogeneidades instáveis do ponto de vista da relação massa/gravidade. Essas não homogeneidades, ampliadas por um processo chamado inflacionário, teriam dado origem a estruturas cada vez maiores, até galáxias e aglomerados de galáxias.

O vácuo quântico.

Em outras palavras, se hipotetizarmos a existência original do vácuo quântico, a formação "ex nihilo" do universo seria possível e derivaria de leis naturais. Resta a questão de quem escreveria essas leis.

O problema também é outro, e não pode ser resolvido aqui. Se matéria e energia no universo são zero, então matéria e energia não existem. Então, de que fantasma do universo estamos falando? Algo realmente foi criado "ex nihilo", ou é tudo apenas uma grande ilusão? Talvez tudo o que pensamos ver seja apenas o produto de uma inteligência que constrói uma realidade que só pode ser rastreada até um grande sonho

.

Os meta-lugares. Um, nenhum, muitos ou infinito?

"Meta-lugares. Os muitos filhos da localidade quântica".

A "localidade" é um princípio colocado na base da física newtoniana. Qualquer coisa sujeita à localidade pode ser pesada, medida e reproduzida em laboratório. Daí a crença inevitável e inabalável de que a realidade é exclusivamente materialista. No entanto, uma localidade não newtoniana, chamada, precisamente, de "não-localidade" foi demonstrada. o que acontece aqui?

Lugares e meta-lugares.

Antes de falar de meta-lugares, devemos concordar com o conceito de lugar. Do ponto de vista da física clássica, o lugar é uma parte do espaço material e temporalmente limitada. Nesta parte do espaço ocorrem os fenômenos físicos conhecidos. Com base nessa característica, os fenômenos físicos são chamados de "locais". A localidade é um recurso indispensável para a validação de qualquer fenômeno. Vivemos em um universo localizado. Toda a física newtoniana, e mesmo a relatividade einsteiniana, funcionam porque descrevem fenômenos que correspondem perfeitamente às características da localidade. Tudo o que está sujeito à localidade pode ser pesado, medido e reproduzido em laboratório (ou pode ser com instrumentos suficientemente precisos). Daí a crença inevitável e inabalável de que a realidade é exclusivamente materialista. De fato, se uma "coisa" é matéria, como uma pedra, por exemplo, essa pedra pode ser pesada. medidos e reproduzidos. Assim, o estudo das pedras é atribuído à física. Inversamente, "coisas" como Shambala, El Dorado, a Terra dos Brinquedos, a Terra-média, o Céu, o Inferno e o Purgatório não são localizáveis, portanto não são pesáveis nem mensuráveis e, portanto, dizem-se, nos casos mais benevolentes, lugares fantásticos ou invenções para os tolos. O estudo dessas "coisas" é atribuído à metafísica.

Portanto, como a metafísica descreve instâncias que não podem ser colocadas no domínio da física, esses lugares podem ser definidos como meta-lugares.

Em busca de um meta-lugar existente.

De fato, bastaria demonstrar que existe apenas um meta-lugar, para abrir caminho para a afirmação de que todos os meta-lugares existem, ou, pelo menos, poderiam existir, mesmo que apenas graças à propriedade transitiva que afirma:

se A = B e B = C, então A = C.

Imaginemos que se prove a existência do meta-lugar B.

A = todos os meta-lugares;

B = um dos muitos meta-lugares;

C = existência afirmada.

Como A = B e B = C, então A = C.

O problema é que, até algumas décadas atrás, nenhum meta-lugar havia sido comprovado. Embora legiões de estudiosos e filósofos tivessem escrito sobre isso, nem mesmo os meta-lugares mais fascinantes, como o Mundo das Idéias de Platão ou o inconsciente coletivo de Carl Jung, demonstraram existir.

As características de um meta-lugar.

Como já dito, um lugar, para ser considerado um meta-lugar, deve estar livre de todos os constrangimentos típicos da localidade newtoniana, principalmente:

1) Não deve ter "medidas" como comprimento, largura, altura e peso. Os fenômenos dentro dela não seriam atenuados pela distância, porque não haveria distâncias. A velocidade da luz não faria sentido, a troca de informações seria instantânea e total.

2) Não deve estar sujeito à flecha do tempo. Não deve haver conceitos como "antes" e "depois" dentro dele. Portanto, os conceitos materialistas de causalidade e determinismo, segundo os quais todo evento é causado por um evento que o precede e determina eventos subsequentes, não seriam mais aplicáveis em um meta-lugar.

Você acha que tal lugar (ou meta-lugar) nunca poderia existir? Você está muito errado. Certamente existe, e sua existência já foi comprovada cientificamente na década de 80 do século passado.

Ano de 1982: uma experiência chocante.

Já descrevi em outros posts o fenômeno do emaranhamento quântico, demonstrado em 1981-82 por Alain Aspect através da implementação em laboratório de um experimento sugerido por Stewart Bell em seu teorema chamado "Desigualdade de Bell". Este teorema queria lançar luz sobre o experimento mental anterior chamado EPR, proposto pelo trio Einstein, Podolski e Rosen. EPR questionou as teorias quânticas formuladas pela "Escola de Copenhague" de Niels Bohr. Na verdade, EPR queria explicar o inexplicável a partir de suposições erradas.

Alain Aspect foi o primeiro a demonstrar, sem sombra de dúvidas, a real existência do fenômeno denominado "emaranhamento quântico".

Nasce a não localidade quântica.

Se duas partículas (por exemplo, dois fótons de luz) nascidas do mesmo evento são movidas para distâncias astronômicas, mesmo para os lados extremos do universo, elas ainda são capazes de se comunicar umas com as outras como se fossem uma só. Seus comportamentos são recíprocos e contemporâneos. Se uma partícula muda seu "spin", ao mesmo tempo a outra também o muda, a qualquer distância no espaço.

É evidente que tudo isso ocorre fora dos critérios de localidade típicos da física clássica.

De fato, não há mediador capaz de mover "fisicamente" informações entre os dois fótons de maneira contemporânea. No mínimo, a informação deve se mover na velocidade da luz.

De fato, o princípio da localidade afirma que objetos distantes NÃO podem ter influência instantânea uns sobre os outros - um objeto é diretamente afetado apenas por sua vizinhança imediata.

O experimento Aspect mostra que, pelo menos em um caso, pode acontecer o contrário.

Esse experimento Aspect foi repetido centenas de vezes em dezenas de laboratórios, com métodos cada vez mais sofisticados. Atualmente o experimento evoluiu de forma extraordinária: hoje não apenas dois fótons são colocados em estado de "emaranhamento", mas bilhões de partículas ao mesmo tempo.

Para os físicos materialistas, a não-localidade foi, e ainda é, como uma lâmina que perfura a carne. Não podendo zombar ou encobrir as provas, o grande constrangimento foi resolvido normalizando o conflito. O fenômeno foi forçosamente aceito catalogando-o com um novo rótulo sem o prefixo "para". Assim nasceu a "não-localidade". Como Mao afirmou cinicamente em seu Pequeno Livro Vermelho: "Se você não pode destruir seu oponente, torne-se amigo dele". Pragmatismo chinês saudável aplicado à realidade da física!!

Perspectivas futuras.

Quem sabe no futuro será possível colocar dois seres humanos em estado de emaranhamento, ou seja, dois cérebros? Não faria nada além de dar dignidade científica ao "parafenômeno" da telepatia.

É claro que este post não quer afirmar a existência real de todos os meta-lugares possíveis, mesmo que uma teoria "meta-quântica", a dos multiversos, torne essa hipótese plausível.

No momento, observamos que muitos fenômenos chamados paranormais ou extra-sensoriais se tornam possíveis e normais no nível da realidade quântica. Por exemplo, além da telepatia, o conhecimento do passado e do futuro, já que não existe "antes" ou "depois" na não localidade. Como acessar essa realidade? O nível quântico é inacessível aos nossos cinco sentidos, calibrados para o nível macroscópico. No entanto, é totalmente acessível ao nosso sétimo sentido, a consciência.

O princípio antrópico.

"O princípio antrópico.
Ó sol brilhante, o que você seria
se eu não estivesse aqui embaixo para brilhar?".

Em suas linhas gerais, o princípio antrópico defende que a consciência humana não é o resultado casual da evolução da matéria, mas o ponto de chegada de uma evolução do universo que tendia justamente ao nascimento da consciência. Este princípio representa uma surpreendente interpretação metafísica de elaboradas observações científicas.

Il ruolo dell'uomo nell'universo

"Ó Sol brilhante, o que você seria,
se eu não estivesse aqui embaixo para brilhar?"

Esta citação de Friedrich Nietzsche, de "Assim falou Zaratustra", pode efetivamente servir para representar de forma plástica o tema deste post, ou seja, o princípio antrópico.

Este princípio representa uma surpreendente interpretação metafísica de elaboradas observações científicas. É tão credível que até Stephen Hawking, um conhecido cientista que faleceu recentemente, no seu livro "The Universe in a Nutshell" sobre a "M-Theory" sobre o universo multidimensional, refere-se frequentemente a este princípio. (Teoria M = Teoria "Mãe de todas as teorias", capaz de unificar todas as teorias físicas conhecidas).

Vamos continuar com a ordem.

A ideia segundo a qual uma Mente universal opera por meio de episódios de sincronicidade individual ou coletiva para o desenvolvimento cultural da humanidade pressupõe que ao homem que vive no planeta Terra seja atribuído um papel central, tal que ele seria objeto de atenção, proteção e orientação. esta Mente.

Por outro lado, na cosmologia científica newtoniana, o homem representa nada mais do que um produto casual da evolução da matéria. Segundo uma filosofia materialista, a presença do homem é absolutamente irrelevante para o desenvolvimento inicial do planeta Terra, especialmente para o desenvolvimento do Universo.

Como sabemos, até o século XVI a visão cultural colocava o homem no centro do universo. Posteriormente Copérnico apontou que os planetas giram em torno do Sol e a Terra não era mais o centro do universo, um simples pequeno planeta. Consequentemente, o homem também se tornou apenas uma das muitas criaturas que vivem aleatoriamente em uma pequena parte do universo.

Brandon Carter e o princípio antrópico.

Brandon Carter é um físico australiano, conhecido por seus estudos sobre as propriedades dos buracos negros e pela descoberta de uma quarta constante de movimento, batizada com referência ao seu nome "constante de Carter". Ele é, portanto, um cientista de calibre, e isso o tornou particularmente confiável.

Em 1973 Brandon Carter elaborou uma nova formulação da relação que une o ser humano ao universo, chamando-a de "Princípio Antrópico" e a apresentou à comunidade científica durante um Simpósio sobre "Comparação de teorias cosmológicas com dados de observações" que foi realizado em Cracóvia como parte das comemorações do 500º aniversário do nascimento de Nicolau Copérnico. Esse princípio, muito contestado em sua formulação dita forte, derruba a visão atual da relação entre o ser humano e o cosmos e restitui sua centralidade ao homem.

Deve-se dizer que, mesmo antes de Carter tornar pública a teoria, ela já havia sido compartilhada com outros cientistas como Martin Rees, Freeman Dyson, John Wheeler e outros.

Em suas linhas gerais, esse princípio sustenta que a consciência humana não é o resultado casual da evolução da matéria, mas o ponto de chegada de uma evolução do universo que tendia justamente ao nascimento da consciência. O Princípio como Carter o enunciou em Cracóvia tem duas formulações, chamadas fracas e fortes.

O princípio antrópico fraco.

O chamado "princípio antrópico fraco" defende que a nossa posição no espaço e no tempo do universo é certamente privilegiada porque todas as constantes subjacentes ao funcionamento do universo estão calibradas nos valores mais adequados para o desenvolvimento do nosso tipo de vida. Para uma série de coincidências incríveis, as leis que governam o universo são consistentes com a possibilidade de que exista vida inteligente. Por exemplo, se o Sol fosse ligeiramente diferente em tamanho, ou se a Terra girasse em torno do Sol a uma distância minimamente diferente, os mares se tornariam potes ferventes ou montanhas de gelo. A Terra gira com uma excentricidade muito pequena, igual a 2%, e a inclinação do eixo de rotação é tal que permite com precisão a alternância das estações.

A vida na Terra é baseada no carbono, que foi derramado em nosso planeta após a explosão das estrelas em que foi formado. As quatro forças fundamentais que regem o cosmos dependem de algumas constantes físicas como, por exemplo, a constante de

Hubble, a constante de Planck, a constante gravitacional universal, a carga elétrica e a massa do elétron.

O fato de todas essas constantes serem calibradas com precisão em valores capazes de permitir o desenvolvimento da vida é incrivelmente surpreendente: bastaria ter um valor minimamente diferente para tornar a vida impossível.

Os valores possíveis das quatro interações fundamentais (gravitacional, eletromagnética, nuclear fraca e nuclear forte) e das partículas subatômicas (próton, nêutron, elétron) podem ser infinitos. No entanto, esses valores são exatamente o que é necessário para criar uma rede interativa capaz de dar origem a um universo gerador de vida. Entre as infinitas configurações, surpreendentemente, aliás, milagrosamente, a mais precisa foi escolhida para favorecer nossa presença. Stephen Hawking escreve em "Dos buracos negros ao universo":

> "Se a densidade do Universo um segundo após o Big Bang fosse maior que a densidade crítica em uma parte em cem bilhões, o Universo teria colapsado após 10 anos. Se, por outro lado, tivesse sido inferior ao mesmo valor, o Universo já estaria vazio após 10 anos de existência".

No entanto, o Princípio Antrópico Fraco apenas argumenta a favor da extraordinária dessas coincidências, sugerindo que uma relação causal entre o complexo da criação e o desenvolvimento da vida "seria teoricamente possível". Por esta razão, o "princípio fraco" sobreviveu quase despercebido sob o escrutínio da maioria materialista da comunidade científica. Poucos prestaram atenção a esta mensagem.

John David Barrow e Frank Tipler..

Os físicos Barrow e Triple publicaram em 1986, nos Estados Unidos, o volume "The Anthropic Cosmological Principle" no qual não só tratam extensivamente da teoria, como propõem um desenvolvimento ainda mais significativo da mesma.

Os dois autores descrevem extensivamente a base conceitual: se não houvesse um número muito alto de coincidências extraordinárias na forma de leis físicas e nos valores das constantes da natureza, bioquímica, vida biológica e vida inteligente não seriam possíveis. Um universo criado por acaso não permitiria vida, e nem mesmo objetos astronômicos comuns e matéria comum seriam possíveis.

A partir dessa observação, chegam à conclusão de que há uma necessidade predeterminada na criação, e o princípio antrópico fraco, que parou no reconhecimento dos fatos, evolui para o forte.

O forte princípio antrópico.

O princípio forte afirma que o universo TINHA que ser exatamente como é para permitir o desenvolvimento da vida. Entre os muitos universos que poderiam ter nascido do Big Bang, desenvolveu-se aquele que nos permite estar aqui hoje; a probabilidade de isso acontecer é de uma em vários bilhões; se tivesse acontecido por acaso, então o acaso teria ganho uma loteria impossível.

A teoria forte certamente sustenta que o universo foi projetado precisamente para nos permitir estar aqui hoje. O universo tem um propósito: hospedar o homem.

Portanto, o homem não seria um hóspede que por acaso estivesse por bizarro acaso em um universo que o ignora, mas a razão e o propósito para o qual o universo existe. Esta teoria implica que o universo foi formado com o objetivo de promover a vida e o desenvolvimento da consciência; isto é, que o universo foi concebido como um casulo, uma placenta na qual a vida em geral e a consciência humana em particular poderiam se originar.

A suposição de que o universo foi criado para nós, sem dúvida, atribui um propósito ao cosmos, que não é mais uma massa caótica de matéria bruta, mas responde a um projeto de realização do homem em um devir não mais confiado ao acaso. Além disso, a teoria antrópica forte requer a presença de um Design inteligente e, portanto, a existência de um Designer ou, em qualquer caso, de uma Mente universal.

O princípio antrópico "último".

Barrow e Tipler supõem uma terceira forma do Princípio Antrópico, o Princípio Antrópico Final, segundo o qual "Um processamento inteligente de informação no universo deve necessariamente se desenvolver e, uma vez que apareça, isso nunca se extinguirá".

Segundo os dois estudiosos, um universo com capacidade de produzir vida inteligente não faria sentido se não durasse o suficiente para poder se desenvolver e completar o "fim" da criação.

Portanto, o princípio antrópico último também prevê uma "proteção" da vida, após a criação: a espécie humana está destinada a evoluir para um estágio final desconhecido. O cientista francês Teilhard de Chardin chama esse estado de "Ponto Ômega", ou seja, o nível mais alto de complexidade e consciência para o qual o universo parece tender em sua evolução.

O Princípio Antrópico Participativo.

Esta forma de princípio antrópico é sugerida por John Archibald Wheeler, como alternativa ao princípio forte. De acordo com Wheeler, que se baseia no conhecimento da física quântica, os observadores são necessários para a vida do universo, assim como são necessários para o seu conhecimento. Sabemos que todo colapso quântico, ou seja, toda "consolidação" de uma probabilidade, precisa de um observador. Portanto, o homem, como observador do universo, participa ativamente de sua própria existência, aliás, é indispensável.

O princípio antrópico e o tempo.

A ciência mais objetiva (não materialista) reconhece a razoabilidade do propósito antrópico, pois seria decididamente absurdo que uma construção cósmica tão perfeita derivasse do acaso e não tivesse propósito. Sendo assim, uma objeção frequente também é respondida: "Se o objetivo é o homem, que vive apenas no planeta Terra, por que o universo precisa de tanto espaço e matéria?".

A resposta é que as constantes que permitem a vida levaram tempo e espaço para se materializar. Era necessário que o universo envelhecesse e se expandisse para permitir que as estrelas fabricassem os elementos químicos que são a base da vida na Terra, como o carbono. Além disso, não se exclui a existência de outros planetas nos quais a mesma vida se desenvolveu, assim como não se exclui que o homem possa exportar sua civilização para outros planetas e galáxias.

O Ponto Ômega de Frank Tipler.

Frank Jennings Tipler, co-autor com John Barrow de "The Anthropic Principle", é um conferencista e escritor americano que ensina física matemática na Universidade de Tulane, em Nova Orleans. A maioria de seus estudos se concentrou na física da viagem no tempo.

Ele também é conhecido por ser o autor da teoria do Ponto Ômega, que na verdade retoma a teoria homônima anteriormente desenvolvida pelo cientista jesuíta francês Pierre Teilhard de Chardin.

Tipler tenta estudar o destino final do universo de forma semelhante ao que Isaac Asimov faz em "A Última Pergunta". Tipler parte do conceito de "progresso eterno" para hipotetizar a existência futura de um Deus, ou seja, um homem que se tornou imortal. Ele também levanta a hipótese da ressurreição dos mortos por computador e "mind uploading", ou seja, a recuperação e transferência do patrimônio mental de um indivíduo do antigo para um novo corpo, ou para o corpo ressuscitado dos mortos.

Além disso, Tipler levanta a hipótese de que, graças a um supercomputador, o universo poderia ser dobrado aos desejos da humanidade, mesmo agindo sobre o passado; assim seria possível reconstruir acontecimentos, mundos e pessoas, com uma técnica de eterno retorno guiado.

É uma perspectiva ligada ao transumanismo, movimento cultural que defende o uso da ciência e da tecnologia para aumentar as capacidades físicas e mentais e remediar todos os aspectos indesejáveis ou nocivos da condição humana, como doença e envelhecimento. , até uma possível transformação. além da condição humana.

No centro espiritual do universo.

Em resumo, podemos dizer que estamos aqui por causa do universo e o universo está aqui por causa de nós. O Princípio Antrópico está reconfigurando o pensamento científico moderno. Isso começou com Copérnico e sua descoberta de que a Terra e os planetas giram em torno do Sol. Com isso, Copérnico subverteu o pensamento aristotélico que colocava a Terra e o homem no centro geográfico do universo.

Os desenvolvimentos na física moderna estão fazendo uma nova reversão. Desta vez o homem, embora já não seja o centro geográfico, como bem demonstrou Copérnico, afirma-se firmemente como centro espiritual.

Entropia: força destrutiva ou criativa?

"Entropia: força destrutiva ou criativa?".

A entropia (Segunda Lei da Termodinâmica) é uma lei física segundo a qual todo o universo caminha para a decadência e autodestruição, assim como todos os seres vivos.

Tomamos como certo que, no nível de nossa experiência sensorial, a entropia funciona exatamente como uma força que inicia a desintegração e que atua na direção do tempo. No entanto, se sairmos de nosso nível para entrar em níveis de espaço e tempo que ultrapassam nossa experiência direta, podemos dar diferentes faces e significados à entropia.

A lei do tubo de pasta de dente.

É a lei segundo a qual um ovo mexido não pode ser reconstituído no ovo original, ou seja, é impossível rebobinar o filme do tempo decorrido.

Por que morremos? Tudo depende de uma lei chamada entropia ou, mais tecnicamente, a Segunda Lei da Termodinâmica. Simplificando, entropia significa que, se você quebrar um copo, poderá quebrar cada peça em subpeças adicionais e, em seguida, cada subpeça em subpeças sucessivas, mas nunca poderá restaurar o vidro ao seu estado original de integridade. . Ou seja, tudo caminha para a decadência seguindo a seta do tempo.

De fato, mesmo a entropia apresenta aspectos segundo os quais não é exatamente o que parece à primeira vista, ou seja, aquele "problema irreparável" descrito por Boris Yellnikoff no filme "Whatever Works". O filme contém a conhecida frase: "Chama-se entropia; é como quando a pasta de dente sai do tubo e não pode voltar para dentro."

A entropia é uma força de desintegração?

Tomamos como certo que, no nível de nossa experiência sensorial, a entropia funciona exatamente como uma força que causa a desintegração e que atua na direção do tempo. No entanto, se sairmos de nosso nível para entrar em níveis de espaço e tempo que ultrapassam nossa experiência direta, podemos dar diferentes faces e significados à entropia.

Vamos dar um exemplo com o nosso planeta, a Terra, comparando o que era em seus primórdios e o que é agora.

O aparecimento da Terra primordial, há cerca de 4,5 bilhões de anos, foi absolutamente diferente do atual; sua superfície foi continuamente dilacerada por poderosas erupções vulcânicas e castigada por chuvas persistentes que durariam milhões de anos, até gerar os oceanos. Portanto, um panorama quase infernal de rochas vulcânicas nuas iluminadas pelas lavas incandescentes das novas erupções. Certamente, um lugar onde teria sido impossível viver.

No entanto...

Apesar disso, a vida logo apareceu; os vestígios conhecidos mais antigos datam de 3,8 a 4 bilhões de anos atrás e são os ancestrais das bactérias atuais.

Mas como foi possível o desenvolvimento desses seres primordiais a partir das simples moléculas orgânicas presentes na atmosfera de quatro bilhões de anos atrás? O que a entropia estava fazendo enquanto isso acontecia? Porque, para sermos honestos, devemos reconhecer que foi um processo de construção, não de destruição.

Sem entropia não estaríamos aqui hoje.

A ação final da entropia não é destrutiva, mas criativa.

É verdade que as esquálidas e nuas rochas vulcânicas acinzentadas submetidas à lei da entropia desmoronaram ao longo dos milênios, e cordilheiras inteiras desapareceram e se nivelaram, de modo que qualquer observador humano poderia atestar, em sua experiência, o poder destrutivo da entropia. Mas vamos imaginar que aquele observador estivesse livre das restrições temporais de sua observação, e tivesse observado a Terra ao longo dos milênios. Ele teria visto a rocha se transformar em partes cada vez menores até se tornar terra; ele então veria a terra se espalhar por vastas planícies para oferecer um ambiente de vida favorável. Um observador certamente teria visto as águas erodindo e cavando as rochas, abrindo caminho e destruindo o ambiente atravessado, para depois se transformarem em rios capazes de carregar elementos fertilizantes nas terras nascidos da desintegração das rochas, permitindo o desenvolvimento de ervas , plantas, flores. , insetos e outros seres vivos de todos os tipos, ou seja, daquela natureza que hoje definimos como maravilhosa e que é a base do nosso ciclo alimentar e da nossa sobrevivência.

Convenhamos: sem entropia não estaríamos aqui hoje. Portanto, além do que pode parecer a uma observação ocasional limitada no tempo, a ação final da entropia não é destrutiva, mas criativa.

Os territórios da viagem xamânica.

"Os territórios da viagem xamânica. Novas perspectivas sobre a existência dos mundos do espírito".

O emaranhamento quântico abre novas perspectivas sobre a existência dos mundos do espírito. Experimentos confirmam que no mundo das partículas elementares, ou seja, no extremamente pequeno, não há limites de espaço ou tempo. Todo o universo se comunica como um só e a informação viaja sem limites de gravidade, nem limites de velocidade da luz, nem limites de unidirecionalidade da flecha do tempo.

Uma prática antiga.

O xamanismo é provavelmente a prática espiritual mais antiga do mundo. Evidências de práticas xamânicas remontam ao Paleolítico, há mais de 20.000 anos. Ainda hoje, principalmente entre as populações que levam uma vida mais em harmonia com a natureza, o xamanismo é conhecido e praticado. O xamã tende a se conhecer, a retomar a posse de seu instinto natural. A "viagem" é um método de revelação direta: tudo é vivenciado pessoalmente. Não há regras ou formas de liturgia a seguir, pois cada uma tem um potencial único que vivencia de forma pessoal e original.

Ser Xamã significa perceber-se como parte ativa da criação e vivenciar o Universo como extensão do Ser. Nesta dimensão a mente se expande e abraça harmoniosamente o mundo para receber a ajuda constante dos espíritos naturais. Normalmente com a prática xamânica acessa-se os territórios inexplorados da realidade, ou seja, uma dimensão que pode ser visitada em estado alterado de consciência

A jornada xamânica, entendida como caminho espiritual, é sempre um caminho de cura interior para o xamã que a pratica, mas não só; muitas vezes este pode ser o portador das necessidades daqueles que nele confiaram para obter a benevolência dos Espíritos que causam tristeza ou doença. Nesse sentido, a jornada xamânica representa um encontro mediador de cura entre as pessoas que sofrem e os Espíritos que adoecem.

Interpretação de acordo com a chave psicológica moderna.

De acordo com a psicologia junguiana poderíamos entender os destinos das viagens xamânicas como a dimensão definida como o "inconsciente coletivo" onde os espíritos causadores dos acontecimentos humanos assumem a face de "arquétipos". Os arquétipos podem ser considerados todas as ideias do bem do mal que vivem na consciência do homem. Nesse território do psiquismo são ativados eventos particulares capazes de colocar os arquétipos do inconsciente coletivo em comunicação com as consciências individuais. Cada pessoa pode receber sinais ou avisos particulares em seu inconsciente, que se manifestam com estranhas e significativas coincidências, premonições, percepções de vários tipos. Quando isso acontece, segundo Jung, ocorrem sincronicidades. São acontecimentos práticos, mas de natureza incompreensível, que podem orientar o homem para o seu bem.

Nesse sentido, é possível que o xamã, viajando nesse mesmo território psíquico, tenha o poder de despertar sincronicidades positivas muito poderosas, pois são dirigidas especificamente àqueles que a ele se confiaram para assistência na cura. O xamã poderia amplificar de forma excepcional a ação natural de troca benéfica já existente entre o inconsciente coletivo e a consciência individual e, sobretudo, seria capaz de catalisá-la para aqueles que pretendem ajudar.

Portanto, os "espíritos" encontrados pelo xamã em sua jornada representariam a consciência do mundo, ou seja, aquele Poder positivo que administra os territórios do inconsciente coletivo. Esse mesmo Poder gera sincronicidades, com as quais cada um de nós muitas vezes se confronta sem compreender seu significado ou origem.

Interpretação segundo a chave científica tradicional.

Mas do que estamos falando? Que evidências científicas temos da existência de territórios do espírito, ou do inconsciente coletivo, onde a alma pode viajar para encontrar as fontes de bem-estar e doença e atrair forças positivas?

A prova científica requer que o objeto do experimento possa ser pesado e medido, e seu funcionamento possa ser reproduzido. A física newtoniana em que vivemos imersos até o pescoço prevê a existência de MATÉRIA sujeita a várias leis (gravidade, magnetismo, velocidade, flecha do tempo). O que é material pode ser comparado a essas leis físicas, enquanto o que é psíquico não; portanto, até algumas décadas atrás, a conclusão era que o psíquico simplesmente não existe, é fruto da ilusão, é um produto residual do nosso processamento cerebral.

Interpretação de acordo com a chave da física quântica.

Bem, isso não é mais o caso hoje. Os experimentos com partículas elementares realizados a partir de 1980 em centenas de laboratórios demonstraram a realidade de um fenômeno conhecido como "ENTANGLEMENT", de modo que hoje temos absoluta certeza de que no nível subatômico a física newtoniana não é mais válida: no mundo das partículas elementares , ou seja, no extremamente pequeno, não há limites de espaço ou tempo, todo o universo se comunica como um só e a informação viaja sem limites de gravidade, nem limites de velocidade da luz, nem limites de unidirecionalidade da flecha do tempo .

É o nível da psique pura ou do espírito puro, onde todas as percepções extra-sensoriais negadas até ontem se tornam possíveis, onde a jornada pode acontecer sem obstáculos e onde o ontem, o hoje e o amanhã já são conhecidos e o livro da vida pode ser aberto. e folheados para obter guias e ajuda para aqueles que, limitados por sua fisicalidade, continuam a confrontar-se a cada dia com a realidade física newtoniana que conhecemos. A limitação é física e diz respeito ao corpo, mas a alma pode voar.

Redes geobiológicas.

"Redes geobiológicas".

A geobiologia visa medir os aspectos energéticos de um determinado local. Na prática, cada lugar tem características como influenciar os seres vivos por meio de "energias".

Etimologicamente, a palavra geobiologia deriva da associação dos termos gregos geo (terra), bio (vida) e logos (doutrina). O termo foi proposto na década de 1950 por pesquisadores alemães.

Em particular, são estudados fenômenos telúricos como falhas, cursos d'água subterrâneos, cavidades, bem como "chaminés telúricas", a "rede Hartmann" e a "rede Curry"-

A energia do solo.

Existe uma energia do solo? Certamente há forças que atuam nessa área. Os seres vivos se desenvolvem em um contexto de influências ambientais que normalmente não são percebidas. Primeiro, o planeta Terra é um corpo eletricamente condutor, com condutividade diferente dependendo da distância do centro e de sua composição.

Em segundo lugar, a Terra possui um campo magnético próprio cuja modalidade de formação ainda não foi compreendida. No entanto, esse campo magnético interage com as correntes presentes na ionosfera e na magnetosfera, criando campos eletromagnéticos de baixíssima frequência, capazes de interagir com organismos vivos. Além disso, o campo magnético da Terra possui dois pólos magnéticos (Sul e Norte) sujeitos a inversão, como já aconteceu no passado. Além disso, este campo não é constante, mas assume valores diferentes em diferentes áreas do planeta.

É preciso lembrar também a influência do GMT, ou Campo Geomagnético da Terra, que pode variar rapidamente dependendo de fenômenos externos ao planeta, como o vento solar e as variações da radiação solar. Como se sabe, as correntes elétricas presentes na ionosfera e na magnetosfera geram correntes elétricas no interior da Terra.

Todas essas são forças conhecidas e reconhecidas pela ciência, que no entanto não reconhece a possibilidade de que ainda existam forças desconhecidas, nem que estas conhecidas sejam capazes de influenciar significativamente a vida biológica.

Daí a necessidade de medir a intensidade dessas forças e analisar cientificamente os fenômenos atribuíveis à sua presença. Além de alguns dispositivos eletrônicos de última geração, no passado os métodos de medição mais populares eram a radiestesia e a radiestesia. A radiestesia é um método que permite identificar materiais e substâncias captando as "vibrações" provenientes de bastões de madeira ou de material não ferroso em forma de garfo. A radesthesia consiste em identificar formas de "energia" que não seriam perceptíveis através dos cinco sentidos, usando ferramentas como o pêndulo ou, como mencionado, novos instrumentos eletrônicos.

A geobiologia representa uma evolução em uma direção mais científica do que a radiestesia. Em particular, prevê a presença de redes de energia e estuda sua nocividade. De acordo com esses estudos, existem "Campos de Energia Reticular" que envolvem a superfície da Terra em malhas de alguns metros quadrados.

Neste momento assume-se a existência de duas grelhas, distintas para orientação.

A chamada rede "Hartmann" é paralela ao Norte Magnético, com malhas (no paralelo 45) de 2,05 a 2,10 metros no sentido Norte-Sul e de 2,55 a 2,60 metros no sentido Leste-Oeste. As "paredes", que é a espessura das malhas, seriam de 21 centímetros.

Em vez disso, a chamada treliça de Curry seria diagonal ao Norte magnético, com malhas mais largas, cerca de 3,5 metros de cada lado e com as "paredes" com cerca de 40 centímetros de largura.

Esses dois campos de energia são independentes um do outro e não interferem entre si, portanto, não há "cruzamentos" entre as paredes da rede de Hartmann e as paredes da rede de Curry. Além disso, ambas as treliças não são influenciadas por outros campos de energia presentes no ambiente, nem por obras construídas para canalizar energias, como, por exemplo, monólitos de pedra.

Deve-se ter em mente que as redes estão orientadas para o campo magnético da Terra. Se o campo magnético muda, as redes também mudam, adaptando-se às suas variações.

Perigos para o meio ambiente e para o homem.

NOTA IMPORTANTE.

Muitos pesquisadores têm utilizado o parâmetro de propagação de tumores em relação à geobiologia do terreno. Estas foram hipóteses de estudo baseadas em evidências facilmente detectáveis. No entanto, estudos sugerem que as vibrações geobiológicas podem causar câncer, mas de forma alguma a GEOBIOLOGIA PODE SER UM GUIA PARA O DIAGNÓSTICO OU TRATAMENTO DAS AFEÇÕES TUMORAIS. Nenhum estudioso jamais o apoiou.

Os resultados da pesquisa evidenciaram a gravidade das consequências para a nossa saúde e, portanto, vale a pena aprofundar a discussão, para que todos possam aprender a "mapear" os locais onde vivem e, em particular, os ambientes domésticos. .

O perigo para a saúde é maior nos pontos de intersecção entre as camisas. A forma das grades muda em correspondência com cursos de água, condutores elétricos, resíduos ferrosos ou metálicos em geral ou outros materiais.

Na ausência de perturbações, a rede tem três zonas de intensidade diferente:

A zona neutra.

A área que podemos considerar neutra está incluída entre as "paredes" de cada quadrado. Nesta área, as atividades biológicas podem ocorrer sem qualquer alteração. Portanto, o ideal seria garantir que as atividades às quais se dedica mais tempo ocorram dentro desses perímetros. Por exemplo, o sofá, a cama, a mesa de trabalho.

As paredes divisórias dos painéis.

São as tiras que dividem os quadrados. Eles têm uma largura de 21 cm (de acordo com a rede de Hartmann) ou 40 cm (de acordo com a rede de Curry). Em toda a sua superfície apresentam radiações nocivas, porém sua ação é fraca e normalmente não prejudicam os seres humanos.

Os nós das redes.

Os nós são os pontos de interseção das paredes e, portanto, são quadrados de cerca de 21 cm de cada lado (ou 40 cm). Estas são as áreas de máxima intensidade de radiação telúrica. O tamanho desses nós pode aumentar dependendo da presença de objetos metálicos no subsolo, principalmente se conectados a eletricidade, cursos d'água ou cavidades subterrâneas.

Perigos dos edifícios.

As treliças são uma fonte de perigo para edifícios construídos sobre fraturas geológicas no solo, aquíferos, fontes subterrâneas, concentrações de metano ou outros gases,

Nos nós da rede, todas as radiações geradas por esses elementos sobem à superfície e prejudicam a saúde. A situação torna-se mais grave quando um pilar da fundação de concreto armado repousa sobre um nó, pois a estrutura elástica conduz a radiação para todas as partes da edificação.

Resume alguns pontos importantes:

1. Todos os materiais vibram e irradiam.

2. O campo radiante natural é a base da gênese e conservação da vida.

3 Existem ondas naturais que perturbam o solo. Além do que já foi dito, podemos citar as ondas "esféricas", também chamadas de "estáticas". São sinais naturais formados por ondas eletromagnéticas de baixíssima frequência, ou seja, ondas de rádio na faixa VLF, geradas por raios que, continuamente, são descarregados na Terra.

4 Menção especial deve ser feita às ondas de Schumann. Durante séculos, os místicos nos falaram sobre energia, espírito, relacionamentos com o Absoluto. Tudo isso poderia ser descrito como um imenso campo de "energia inteligente do amor". Para os místicos, a "vida", como geralmente a entendemos, é uma falsidade produzida por nossos sentidos: para os hindus, é maia. Os Vedas argumentam que onde há separação há ilusão.

Em 1953, Winfried Otto Schumann, físico alemão, descobriu matematicamente uma emissão eletromagnética proveniente do nosso planeta, que recebeu o nome de frequência Schumann em sua homenagem. É algo que se assemelha muito às vibrações sentidas pelos místicos.

A superfície planetária e a ionosfera interagem como duas placas de um gigantesco capacitor, no qual a Terra é a parte negativa e a ionosfera a parte positiva.

Essa estrutura energética, em constante vibração, cria ondas eletromagnéticas de baixíssima frequência, cujos picos principais são 7,8, 14, 20, 26 e 33 Hz. Em um nível poético poderíamos defini-la como a "respiração" ou "o batimento cardíaco da Terra ".

5. A todas as radiações naturais já mencionadas devem ser adicionadas aquelas criadas pelo homem com inevitável interferência mútua. Essas interferências têm se mostrado prejudiciais à saúde humana.

6. Os organismos vivos são sensíveis a CEM (campos eletromagnéticos) mesmo quando sua intensidade é significativamente menor do que o que foi considerado perceptível pelo organismo. O corpo humano, de fato, usa frequências básicas para se comunicar internamente. Sabe-se que todas as frequências podem ser perturbadas. Se uma frequência externa, mesmo muito fraca, se sobrepuser às nossas frequências internas, pode interferir no funcionamento do organismo. Quanto mais tempo durar a interferência, maior será o dano.

7. A boa notícia é que nem todas as áreas perturbadas são prejudiciais. Os efeitos variam de pessoa para pessoa, mas se a pessoa já tiver condições, elas se tornam mais graves.

8. A má notícia, no entanto, é que uma diminuição na resistência a campos patogênicos está se desenvolvendo em organismos biológicos modernos. Isso é função de um estado de intoxicação geral, causado por uma vida desordenada sob todos os pontos de vista, a começar pela nutrição.

9 Quanto maior o período de exposição, maior a probabilidade de adoecer.

Inicialmente os distúrbios não são de tal ordem que causem alarme, mas tendem a se tornar crônicos com manifestações de cefaleia, insônia, depressão, tontura, falta de concentração. Doenças cardiovasculares, degeneração celular e tumores podem surgir após vários anos.

O que acontece na casa.

Qualquer dispositivo que funcione com eletricidade emite um campo elétrico e um campo magnético de baixa frequência. Dentro de casa, os eletrodomésticos geram os campos elétricos e magnéticos mais relevantes. O campo magnético é medido em microtesla (mT) e depende da corrente que circula no aparelho, por isso é eficaz quando o aparelho é ligado. O campo elétrico, que é medido em volts por metro (V/m), depende da tensão e é emitido mesmo quando o aparelho está desligado, se o cabo estiver conectado à tomada. O campo elétrico e o campo magnético são gerados por aparelhos fixos, como televisores e lava-louças, mas também por aparelhos portáteis, como secadores de cabelo.

De acordo com medições feitas em residências, o campo elétrico costuma ser inferior a 5 V/m.

No travesseiro da cama, se estiver encostado em uma parede por onde passam os fios elétricos do sistema, podem ser detectados 10-15 V/m.

Pequena história da pesquisa geobiológica.

Período não especificado BC. Feng Shui.

O Feng Shui é uma antiga arte geomântica taoísta da China, auxiliar da arquitetura, semelhante à geomancia ocidental, mas diferente porque também leva em consideração aspectos da psique e da astrologia.

Feng Shui significa literalmente "vento e água", em homenagem aos dois elementos que moldam a terra e que com seu fluxo determinam as características mais ou menos saudáveis de um determinado lugar. De acordo com o Taoísmo existem dois princípios gerais que orientam o desenvolvimento dos eventos naturais, são eles o Ch'i e o equilíbrio dinâmico do Yin e Yang. Yin é o princípio úmido escuro e feminino, enquanto yang é o princípio quente brilhante e masculino. No Feng Shui, yin é representado pela água e yang é o vento, talvez mais como a respiração. O Feng Shui é usado em alguns lugares na decoração do interior dos edifícios.

As origens do Feng Shui, embora incertas, parecem muito antigas e foram descobertos túmulos que datam do Neolítico que parecem seguir os princípios do Feng Shui na sua construção.

As populações nômades sempre observaram cães e cavalos para escolher os locais para seus acampamentos.

tempos romanos

Vitrúvio conta que os romanos, antes de fundar uma nova cidade, pastavam carneiros durante um ano inteiro na área designada, depois abatiam os animais e analisavam seus fígados. Se o fígado não estava em boas condições, eles escolhiam outra área.

Meia idade

Antes de construir edifícios importantes, como catedrais, foi dada especial atenção à escolha de locais que devem ter certas características geobiológicas.

1886-1890: Haviland

Com base em estudos realizados nesse período, o Dr. Haviland afirma que o Tâmisa e seus afluentes atravessam uma vasta região com alta mortalidade por câncer. Posteriormente, falando perante a sociedade médica de Londres, ele argumentou que na maioria dos casos da doença estava relacionada ao local de residência.

1928: Georges Lakhowsky

As raças humanas e animais, a forma das plantas e o sabor típico de um vinho, fruta ou outro produto agrícola expressam claramente essa influência significativa do solo. Além disso, as águas que percorrem um território específico refletem a composição química das substâncias presentes no solo atravessado.

Lakhoswky, a partir dessa documentação, iniciou uma série de pesquisas com o objetivo de demonstrar que a propagação do câncer pode depender da natureza física do terreno em que o sujeito vive.

1933-1939: Cody

Cody, engenheiro eletrônico francês, utilizou entre os anos 33 e 39 dois eletrômetros equipados com câmaras de ionização e dispositivos especiais para eliminar qualquer influência devido à umidade, movimentos do ar e outras condições acidentais que pudessem causar a queda das lâminas do instrumento. As milhares de medições realizadas na cidade de Havre dentro das casas onde houve casos de câncer, deram resultados inequívocos.

Os tempos de queda das folhas do eletrômetro de referência colocado a uma curta distância do leito eram muitas vezes várias centenas de vezes maiores do que os medidos na área com suspeita de emissão de radiação telúrica.

1929: Gustav von Pohl

De 13 a 19 de janeiro de 1929, Gustav von Pohl, o famoso adivinho, realizou um experimento para demonstrar a correlação entre os cursos de água subterrâneos e o câncer.

Ele decidiu, de acordo com o prefeito de Visbiburg, na Baviera, realizar sua pesquisa naquela cidade. Vilsbiburg tinha 565 casas com cerca de 900 habitações e 3300 habitantes.

Foi elaborada uma lista de óbitos causados por carcinomas, com base em dados oficiais disponíveis no escritório distrital. Toda correspondência entre a posição dos leitos dos pacientes dentro de suas residências e as áreas patogênicas marcadas por von Pohl no mapa foi verificada com extrema precisão. O resultado foi que todos os leitos das pessoas que morreram de carcinomas estavam nas faixas de irradiação detectadas. Foi elaborado um protocolo com os resultados obtidos.

1960: Ernst Hartmann

A experiência de Hartmann, que envolveu 24.000 ratos de laboratório, é muito famosa. Após mapear a treliça na área do experimento, Hartmann colocou gaiolas com 12.000 camundongos nas áreas neutras da rede. Em vez disso, as gaiolas com as 12.000 restantes foram colocadas nos nós da treliça.Todos os camundongos foram inoculados com a mesma quantidade de células tumorais. Nas semanas seguintes, os camundongos que viviam nos nódulos adoeceram com câncer e morreram em 40 dias. Em vez disso, no que diz respeito aos camundongos inoculados que vivem em zonas neutras, a doença cresceu durante os primeiros dias, depois se estabilizou e 8.000 deles sobreviveram porque seus organismos, não enfraquecidos pelo campo de perturbação, conseguiram superar a doença.

BIBLIOGRAFIA ESSENCIAL:

Faliero CAPINERI - Água e câncer (O jardim dos livros)

Blanche MERZ - Lugares altos (Sugar Edizioni, 1983)

REMI 'Alexandre - Geobiology (vermelho / estúdio editorial, Como 1991)

Massimo FRISARI-R.VALMI '- Saúde em casa, (Ediz. Sarva)

Paolo BENDA - Dimensões Desconhecidas, (auto-publicado, Arezzo 1995)

Uma cachoeira que flui em uma floresta desértica faz barulho?

"Uma cachoeira que flui em uma floresta desértica faz barulho?".

Geralmente assumimos que as coisas funcionam de uma certa maneira, então uma cachoeira fluindo deve SEMPRE fazer barulho. Mas... pensando bem: o que é ruído? É um estímulo que excita nosso ouvido e é transmitido ao cérebro. Somente no cérebro o estímulo se torna ruído.

Não, a cachoeira nem sempre faz barulho.

Infelizmente, vivemos entre a "aparência" e a "ilusão" porque somos condicionados pelos nossos sentidos. O que chamamos de "realidade" nem sempre é assim.

Na verdade, a cachoeira só faz barulho se houver alguém lá para ouvi-la. Portanto, se a floresta estiver deserta, a cachoeira não faz barulho.

O que é ruído de fato? É um estímulo que excita nosso ouvido e é transmitido ao cérebro: só no cérebro se torna ruído.

Portanto, mesmo que a queda da cachoeira cause vibrações no ar, elas não são ruídos. Só se tornam assim se houver um ouvido que capte as vibrações e as transmita a um cérebro: aqui, finalmente, as vibrações se tornam ruído.

A pergunta é inspirada no clássico paradoxo do filósofo Berkeley: uma árvore caindo em um bosque desértico faz barulho?

Não sabemos como é realmente a "realidade".

Platão nos descreve como prisioneiros acorrentados na caverna de nossos sentidos.

O que percebemos como realidade não é a realidade, mas a interpretação que nossos sentidos nos dão do que nos cerca.

No conhecido "mito da caverna", Platão descreve os prisioneiros acorrentados em uma caverna, obrigados a olhar sempre para a parede do fundo; suas sombras são projetadas nesta parede, devido à iluminação colocada atrás deles. Da mesma forma, na parede do fundo, projetam-se as sombras de todas as atividades que acontecem no exterior, e que os presos não conseguem compreender em sua dimensão real, pois, para eles, a realidade é "o que eles veem", ou seja, as sombras.

Nós também costumamos acreditar que a realidade é o que podemos "ver" e "tocar". Não suspeitamos que nossa visão e toque MANIPULEM E FALSITEM o que está à nossa frente. Os sentidos transformam uma realidade que absolutamente não conhecemos para torná-la utilizável pelo nosso cérebro.

Somente saindo da caverna a verdadeira luz será descoberta. Infelizmente, somos todos prisioneiros na caverna dos nossos sentidos (as correntes) e vemos a realidade como uma sombra da "verdadeira realidade".

Segundo Platão, só o sábio ou o filósofo podem libertar-se para rejeitar a falsidade das sombras e oferecer-se à verdadeira luz.

Quanto vácuo existe na matéria?

Normalmente todos acreditamos que não há nada mais real do que a matéria, pois podemos olhar para ela, tocá-la, pesá-la, às vezes saboreá-la se a comermos ou ouvi-la se a sacudirmos.

Na realidade, a matéria é feita de átomos, e os átomos são essencialmente feitos de vácuo. Um átomo é formado pelo núcleo e os elétrons que giram em torno dele. Bem, se ampliássemos o núcleo infinitamente para trazê-lo ao tamanho de uma semente de lentilha, então o elétron mais externo giraria em uma distância igual à de um campo de futebol, ou seja, com um diâmetro de 90 metros! No meio... nada.

Assim, os átomos são feitos quase inteiramente de vácuo. Mas então, dir-se-á, por que se tocamos um objeto o sentimos "duro"?

Isso também é um engano dos sentidos: os elétrons girando muito rápido geram um "efeito hélice". Sabemos muito bem que quando uma hélice gira não podemos aproximar nossa mão. Mesmo que as duas pás da hélice cubram no máximo 5% da área afetada, devido ao efeito da velocidade de rotação toda a área é coberta. Dito isto, esta também é uma explicação compreensível, mas simplista. De fato, de acordo com as forças naturais, as partículas dos objetos repelem as partículas de nossas mãos.

Mas a matéria realmente existe?

Na verdade, a matéria não é o que imaginamos: se dividíssemos uma pedra em pedaços cada vez menores, passaríamos a ter átomos únicos; mas tentando dividir novamente, perceberíamos que os átomos são feitos de partículas, e partículas... podem ser matéria, ou não. Como ensina a física quântica, as partículas são massa e ao mesmo tempo são ondas, ou seja, vibrações de energia, espuma de nada no domínio da probabilidade.

Os infinitos de Galileu ou... a metafísica não é uma opinião.

"Os infinitos de Galileu ou... a metafísica não é uma opinião".

Muitos leitores postaram comentários como "matemática não é uma opinião" em artigos anteriores.

Agora proponho um questionário baseado em números. Se a matemática não for realmente uma opinião, o quiz pode ser resolvido com sucesso. Tente.

Preâmbulo curto.

Este quiz é baseado no conceito de infinito. Para entender o que o infinito pode ser, vamos usar números. Imagine o maior número que você poderia conceber. Feito? Bem, agora some 1, e você verá que o número se torna ainda maior do que você imaginava. E você pode continuar assim... indefinidamente: você sempre pode somar 1, sem fim.

Se você quiser, você poderia proceder ao contrário, removendo

1 do infinito, não haveria limite para números negativos. Portanto,

o infinito não é uma coisa extremamente grande, pois sempre pode se tornar maior, sem fim. Acima de tudo, o infinito não pode ser medido porque não pode ser comparado a nada, senão a outro infinito. O infinito é representado com o símbolo ∞.

O teste..

> Vamos imaginar duas colunas infinitas de números. Na coluna A colocamos todos os inteiros de 1 em diante, até o infinito.
>
> Em vez disso, na coluna B, colocamos o dobro dos números contidos na coluna A. As duas colunas ficariam assim::

COLUMN A		COLUM B
1	--------------------------->	2
2	--------------------------->	4
3	--------------------------->	6
4	--------------------------->	8
5	--------------------------->	10

Portanto, a coluna A contendo TODOS os números representa o infinito. Mas também a coluna B, contendo tantos números quanto a coluna A, que são todos os duplos da coluna A, representa outro infinito.

Mas cuidado: a coluna A contém TODOS os inteiros, enquanto a coluna B contém apenas TODOS os inteiros PARES. Evidentemente, a coluna B contém MENOS números que a coluna A. Para ser mais preciso, deve conter metade deles.

A questão.

Como é possível que um INFINITO seja MAIOR ou MENOR que outro infinito?

Devo salientar que o quiz (ou paradoxo) foi mesmo idealizado por Galileu Galilei, considerado o precursor do Iluminismo. Se apenas por esta razão, o questionário deve ser considerado não trivial, mas dotado de dignidade científica.

Que tipo de resposta é necessária?

O próprio título da página do Facebook onde publiquei este post (Cenacolo Jung Pauli) sugere a forma de resolver o quiz.

São necessários tópicos em FÍSICA (Pauli é um dos fundadores da física quântica, Prêmio Nobel de 1945) e METAFÍSICA (Jung é psicólogo, criador das teorias do inconsciente coletivo e da sincronicidade).

Os dois colaboraram por mais de vinte anos em sua vida profissional, buscando o traço unificador da matéria e da psique.

Muitos definem os argumentos metafísicos postados na página como "estupidez" (a propósito, não está claro o que eles estão fazendo em um site estúpido).

Particularmente desses céticos gostaria de respostas que fossem baseadas EXCLUSIVAMENTE em argumentos reconhecidos como válidos pela tão amada ciência clássica newtoniana e materialista.

Gostaria que as respostas não contivessem tolices metafísicas.

Na ausência de respostas claras, poderíamos dizer que até a matemática, às vezes, é uma opinião. Por outro lado, a metafísica às vezes não é.

A carruagem do Rei Milinda tinha rodas quadradas?

"A carruagem do Rei Milinda tinha rodas quadradas?".

O apólogo do rei Milinda e do monge Nagasena contém sabedoria antiga, mas também absolutamente moderna.

A carroça não nasceu por acaso, por isso tinha rodas redondas.

Certamente não, a carruagem não tinha rodas quadradas nem triangulares, mas suas rodas eram perfeitamente redondas. Isso porque o vagão foi projetado por um artesão inteligente que queria que fosse confortável, funcional, adequado para transportar pessoas e coisas com o método mais racional possível. Só se os vagões nascessem espontaneamente da montagem aleatória de várias partes, talvez tivéssemos vagões com rodas quadradas.

Mas vamos em ordem. Por trás dessa premissa há uma verdade muito mais profunda, contida no apólogo, que é pouco conhecida pelos não seguidores da filosofia oriental, que narrei a seguir. A história está contida no Milindapañha, um texto budista composto na forma de um diálogo filosófico, ambientado na cidade de Sāgalā, hoje Siyālkoṭ, entre o monge Nagasena e Milinda, historicamente identificável com o governante indo-grego Menandro I °. Este rei reinou em Punjab entre 155 e 130 aC.

Rei Milinda e o monge Nagasena.

O rei Milinda, que o achava um astuto, tendo ouvido falar das doutrinas ensinadas por um monge chamado Nagasena, foi vê-lo para refutar suas teses. Ele começou perguntando quem ele era e qual era o seu nome, e o monge respondeu:

"Sou conhecido como Nagasena, ó rei, e por esse nome meus irmãos e pais se referem a mim."

Então o rei começou a provocá-lo com perguntas como esta:

"Você me diz que seus irmãos estão acostumados a se referir a você como Nagasena. Agora, o que exatamente é Nagasena? Você quer dizer que o cabelo é Nagasena?

Você quer dizer que os pelos do corpo são Nagasena?

Você quer dizer que as unhas, os dentes, a pele, a carne, os nervos, os ossos, a medula, ou uma ou todas essas coisas são Nagasena?

Talvez a forma externa seja Nagasena ou as sensações ou percepções ou consciência sejam Nagasena?"

A cada pergunta o monge respondeu que não. Assim, o rei concluiu:

"Então, Nagasena é um som vazio e vão. Quem é esse Nagasena que vejo na minha frente? É uma mentira, um engano!"

A parte e o todo.

A primeira parte da narrativa termina com esta frase. O rei, como muitos materiasti hoje, afirma que o homem como "projeto pessoal" não existe. É apenas um conjunto de peças montadas ao acaso, um autômato nascido de bilhões de tentativas feitas pela natureza. O homem é ossos, carne, pele, cabelo, unhas, mas não é "homem" em geral. Querendo entrar em mais detalhes, quase poderíamos dizer que o homem é um conglomerado aleatório de átomos, como Demócrito argumentou bem antes do rei Milinda. No entanto, o próprio Demócrito teria admitido, além do átomo considerado como "algo", a existência de um "não algo".

A resposta do monge Nagasena.

Chegamos agora à segunda parte do apólogo.

O monge Nagasena respondeu ao rei Milinda da seguinte forma:

"Você, majestade, conhece o luxo. Se você andar em terreno pedregoso ou arenoso, seus pés sentirão dor. Então, como você veio aqui, a pé ou em uma carroça?"

"Eu não vim a pé. Eu vim de carroça."

"Então, se você veio em uma carruagem, meu rei, explique-me o que é. Os cavalos são a carruagem?"

"Eu não disse isso."

"O eixo é a carroça?"

"Claro que não."

"Talvez as rodas ou as cordas ou a estrutura ou o jugo ou os raios das rodas ou o aguilhão sejam" a carruagem "?"

A todas essas perguntas o rei respondeu que não.

"Então algo externo a todas essas coisas é a carruagem?"

Novamente ele disse que não.

"Então, carruagem é um som vazio e vão. Em que vagão você teria vindo? O que você disse é uma mentira, um engano! Por que você está dizendo coisas falsas?"

Então ele chamou os gregos e os monges como testemunhas, dizendo:

"O rei Milinda disse que veio com uma carruagem. Mas quando solicitado a explicar o que era uma carruagem, ele não conseguiu fazê-lo".

Os gregos e os monges aplaudiram e disseram ao rei:

"Agora, Majestade, responda se puder!"

Milinda, o rei, respondeu a Nagasena, dizendo:

"Eu não disse nenhuma inverdade, venerável senhor. A combinação de todas essas coisas - os cavalos, o eixo, as rodas, a estrutura, as cordas, a canga, os raios e a aguilhada - indica a designação comum de carruagem ".

"Muito bom! Você entende exatamente o significado de carruagem. Da mesma forma, é a soma de todas aquelas coisas que você me perguntou anteriormente, cabelos, unhas, dentes, percepções, sentimentos e consciência, que Nagasena indica."

A carruagem é um epifenômeno?

Então, o que é a carruagem realmente? Os materialistas diriam que não há carruagem, mas apenas as partes individuais. As partes são o todo, e a carruagem existe apenas como um fato acessório, um epifenômeno cuja presença ou ausência não afeta a existência das partes. O fato de as partes, como um todo, formarem uma carruagem é uma mera coincidência.

No entanto, como antecipei no início, o vagão não pode ser o resultado de uma agregação aleatória de partes, caso contrário teríamos vagões com rodas triangulares, quadradas, elípticas, vagões com as rodas para cima e o piso para baixo, vagões puxados não só por bois ou cavalos, mas também de lagartos, amêijoas, cangurus ou cotovias.

É claro para todos que não há vestígios dessas tentativas de montagem aleatória. Mas isso não nos surpreende, pois cada vagão, em última análise, é fruto do trabalho e do projeto do homem, e vagões com rodas quadradas só podem existir como digressões por absurdos ou expressões artísticas.

E quem é que projetou e montou o monge Nagasena?

Ao transferir a ideia de uma montagem da esfera da manufatura para a dos organismos biológicos, e especificamente para os seres humanos, a questão se torna mais contundente. É realmente possível, como afirma o materialismo, que o homem seja o resultado da montagem de casulas de alguns quilos de água e várias substâncias minerais?

Se sim, onde estaria a evidência de milhares de tentativas evolutivas fracassadas? Onde estão os fósseis de homens de três pernas, homens voadores como tentilhões ou homens rastejantes como minhocas? Não há sequer a sombra de um único destes!

Numa visão mais espiritual, diríamos que as partes isoladas só adquirem significado quando, combinadas com a inteligência, dão forma à carruagem, ao próprio monge Nagasena e a tudo o que existe no universo. No entanto, cada conjunto de peças montado logicamente requer um design inteligente que vai muito além da inércia dos materiais que o compõem.

Uma agregação misteriosamente milagrosa.

Todo o universo é feito de matéria que se agrega. A maravilha se dá pelo fato de tudo se encaixar de acordo com projetos inteligentes, de galáxias a bactérias.

Também o homem, como a carruagem do Rei Milinda, é fruto de um projeto bem definido, desejado e criado por um artesão, que sabia muito bem qual resultado queria alcançar.

Podemos dizer deste artesão que o homem o retrata e o chama por muitos nomes, mas ele permanece absolutamente desconhecido, além de nossa capacidade de compreensão.

É a ideia do "Anima mundi" apoiada, por fim, pelo conhecido psicólogo Carl Jung, que transferiu a ideia da alma do mundo para sua teoria mais chocante, a do inconsciente coletivo. É uma teoria cheia de implicações cósmicas..

O "Anima Mundi".

A Alma do mundo é um termo filosófico de origem neoplatônica, utilizado para indicar a vitalidade da natureza em sua totalidade, considerada como um único organismo vivo.

Portanto, a Alma do mundo é o princípio unificador a partir do qual os organismos individuais tomam forma. Todos os organismos individuais, apesar de articulados e diferenciados, cada um de acordo com suas características específicas, estão ligados entre si por uma alma universal comum.

Também à luz das recentes aquisições da física quântica, que abrem cenários inesperados sobre a realidade subatômica, as teses materialistas que tendem a dividir o mundo em partes de matéria que são montadas aleatoriamente são agora mais do que obsoletas.

O estranho caso das meias xadrez..

"O estranho caso das meias xadrez".

Este artigo ilustra a mesma situação ocorrendo em três universos diferentes. Qual dos três universos é real? O universo é apenas explícito, apenas quântico ou apenas implícito?

Provavelmente, o universo é todos os três juntos. De fato, nenhum poderia existir sem os outros. A tese do universo implícito e explicado foi desenvolvida por David Bohm, um dos físicos quânticos mais conhecidos. Bohm também desenvolveu a teoria do universo holográfico.

Primeira situação. O universo "explícito" (compreensível aos nossos sentidos)

Os fatos acontecem na condição cotidiana.

Uma bela manhã o Sr. Smith acorda e decide que, naquele mesmo dia, quer usar um par de meias xadrez que lhe foram dadas anos atrás. Infelizmente, a Sra. Smith está do outro lado do mundo para o casamento de uma neta. Sem perder a coragem, o Sr. Smith realiza uma série de ações, uma após a outra. Nós numeramos essas ações justamente para reforçar o conceito de que cada ação deriva da anterior, e ocorre à distância do espaço e do tempo.

1- Smith liga para sua esposa perguntando onde estão as meias.

2- A esposa saiu, ela terá que ligar de volta. Smith liga três vezes.

3- Na quarta tentativa Smit encontra sua esposa pouco disponível: "Você está louco, George? Você fez quatro ligações para o exterior para descobrir onde colocamos aquelas meias horríveis que sua tia lhe deu? Provavelmente eu os joguei fora, ou eles estão na adega na caixa de presentes não recicláveis".

4- Smith vai ao porão, os encontra, mas infelizmente eles são perfurados por vermes porque muito tempo se passou, então ele desiste de usá-los.

Segunda situação. O universo quântico.

O Sr. Smith sabe que sua esposa está na Austrália, mas abre a boca e fala com ela.

"Querido?"

"Diga-me"

A esposa responde como se estivesse lá, embora esteja na Austrália. Talvez seja lá e na Austrália.

"Onde você colocou essas minhas meias xadrez velhas?"

"Eles estão na primeira e na segunda gaveta."

"Você quer dizer, as meias estão na primeira ou na segunda gaveta."

Ele abre a gaveta de cima, e as meias estão lá, enroladas uma em cima da outra, como se costuma fazer. Ele instintivamente abre a segunda gaveta também, e as meias também estão lá. As meias estão na primeira e na segunda gaveta! Na segunda gaveta as meias não estão enroladas, mas esticadas.

Smith fecha a primeira gaveta e as meias estão na segunda, cuidadosamente enroladas.

Smith fecha a segunda gaveta e as meias estão na primeira, cuidadosamente enroladas.

Smit abre as duas gavetas e as meias estão em ambas as gavetas, lindamente esticadas.

Smith pega as meias que estão na primeira gaveta e as da segunda desaparecem imediatamente.

Egl decide colocar as meias, mas percebe que não há duas. Em suas mãos há apenas uma meia.

Smith enfia a meia no pé direito e, ao mesmo tempo, o esquerdo é coberto com uma meia. No entanto, enquanto a meia direita é quadriculada em vermelho e branco, a da esquerda é quadriculada em azul e branco.

Smith tira a meia do pé esquerdo e a meia do pé direito também desaparece.

Smith decide colocar seus sapatos de qualquer maneira, mas encontra apenas um. Quando ela enfia o sapato preto no pé direito, um sapato branco aparece ao redor do pé esquerdo.

Isso não é bom. Smith pega a graxa de sapato preta e começa a revestir o sapato branco. Enquanto este sapato fica preto, o outro sapato fica na cor opostaia.

Terceira situação. O universo "implicado".

Naquela noite, o Sr. Smith sonhou com sua tia, que reclamou com ele: "Você nunca usou aquelas maravilhosas meias xadrez que eu lhe dei. Pelo menos uma vez, antes de morrer, gostaria de vê-los de pé."

Ele acorda preocupado. Ele gostaria de calçar as meias, mas não sabe onde estão, e sua esposa está ausente. Nesse momento ele recebe um telefonema de sua esposa:

"Sabe, eu pensei que talvez você gostaria de colocar pelo menos uma vez as meias que sua tia te deu, eu queria te dizer que elas estão na caixa azul no armário."

O Sr. Smith coloca as meias e vai para o escritório. Assim que chega, recebe um telefonema: a velha tia morreu há alguns minutos.

Portanto, os três cérebros do Sr. Smith, sua esposa e tia, embora distantes no espaço, todos os três elaboraram um evento, que nem sequer respeita o tempo: o sonho indica a morte da tia antes que isso aconteça, e o telefonema da esposa antecipa o desejo do marido antes que ele o manifeste.

Talvez esses três cérebros estejam estranhamente interconectados.

Ou TODOS os cérebros do universo estão interligados com uma Mente superior, o que Jung chama de "inconsciente coletivo", mas também é chamado por outros nomes, como Anima mundi, Mente Universal, Atman, Mana, Logos, Espírito, etc.

Emaranhamento quântico e sincronicidade.

A ciência nos diz que no universo quântico as partículas se comunicam instantaneamente a qualquer distância: se uma partícula é +1/2, a outra é -1/2 e se a primeira muda, instantaneamente a segunda também muda, em qualquer lugar do universo é. Esse fenômeno é chamado de "emaranhamento quântico".

Quanto a uma Mente universal, capaz de coordenar eventos sem causa e independentemente do tempo, a física não nos diz nada, mas Jung desenvolveu a "teoria da sincronicidade".

Eventos sincrônicos são sem causa e efeito, mas nós os conectamos porque os ENTENDEMOS, eles têm SENTIDO para nós. E todos sabemos que, de alguma forma, às vezes, fomos protagonistas de eventos semelhantes.

Então, três universos, ou apenas um?

Qual dos três universos é real? O universo é apenas explícito, apenas quântico ou apenas implicado?

A hipótese desta página é que a realidade é composta de todas as três coisas juntas. De fato, nenhuma situação poderia existir sem as outras.

A tese do universo implícito e explicado foi desenvolvida por David Bohm, um dos físicos quânticos mais conhecidos. Bohm também desenvolveu a teoria do universo holográfico.

A afirmação de Sócrates "Sei que nada sei" continua válida para todos, inclusive para mim, é claro.

Essa afirmação é indigesta para uma certa classe científica inspirada no materialismo, ligada ao pensamento de que o que não é repetível em laboratório não existe. Mas a felicidade, o apaixonar-se, a dor, as esperanças são repetíveis no laboratório?

Efeito Borboleta. Nem tudo tem uma causa.

"Vamos reabilitar a borboleta brasileira. Ela não é responsável pelas tempestades do Texas".

Efeito Borboleta. Nem tudo tem uma causa.

Um famoso ditado diz que uma borboleta, batendo as asas, pode causar uma tempestade do outro lado do mundo. Os materialistas argumentam que isso é verdade. Mas... a teoria quântica levanta a questão do probabilismo: no nível subatômico acontecem coisas que não podem ser medidas. As borboletas brasileiras podem ficar calmas, sem remorso de consciência: não é certo que o bater de suas asas seja a causa dos tornados texanos. Na verdade, talvez esse não seja o caso.

Há algo verdadeiro.

De fato, de acordo com a física atual, uma única ação pode determinar eventos subsequentes, em cascata.

Como o universo é feito de matéria, espaço e sobretudo tempo, algo que acontece AQUI HOJE tem consequências e provoca eventos, DEPOIS, EM OUTRO LUGAR. Esses eventos provocam outros, ainda mais tarde, em outros lugares, e assim por diante.

Não mova o elétron!

Em 1950, Alan Turing escreveu em seu livro "Calculando máquinas e inteligência":

"O deslocamento de um único elétron por um bilionésimo de centímetro em um determinado momento pode significar a diferença entre dois eventos muito diferentes, como a morte de um homem um ano depois em uma avalanche, ou sua salvação."

Em 1972, Edward Lorentz intitulou uma de suas palestras: "O bater das asas de uma borboleta no Brasil pode causar um tornado no Texas?"

No mundo científico de hoje, onde tudo pode ser pesado, medido e determinado em laboratório, portanto um mundo feito apenas de matéria, colocado em uma dimensão onde o tempo só avança, isso também é possível.

Tudo é possível, desde que possa ser medido, e para isso deve ter um peso e um tamanho.

No entanto, nem tudo pode ser medido!

Esta ciência ignora completamente a existência do espírito, nega que o universo possa ter, além de uma dimensão material, também uma dimensão psíquica.

Melhor ainda, podemos dizer que para a ciência atual tudo o que acontece DEVE ter uma causa, DEVE estar conectado no tempo e no espaço a outra coisa da qual recebe a energia necessária para acontecer.

Como no jogo de bilhar, nenhuma bola se move a menos que outra bola a empurre.

MAS AINDA...

A negação da dimensão psíquica (ou do espírito) em voga há alguns séculos, digamos de Galileu em diante, colide com as descobertas da física do século passado e com os estudos de eminentes cientistas.

Há fenômenos que acontecem inexplicavelmente sem causa.

Incrivelmente, a física nos diz que SIM, existem fenômenos que acontecem inexplicavelmente sem causa, sem nenhuma conexão entre as partes envolvidas no fenômeno, e que esses fenômenos podem ocorrer a despeito do tempo e do espaço.

O fenômeno do ENANGLEAMENTO das partículas elementares nos diz que duas partículas, se em determinado momento estiveram em contato uma com a outra, permanecem conectadas mesmo que estejam separadas a distâncias inimagináveis, mesmo que estejam colocadas em universos separados. Se uma das duas partículas inverte o spin, IMEDIATAMENTE, seja qual for a distância, a outra também o faz.

Isso acontece enquanto nenhuma comunicação física ou transferência de energia pode existir entre as duas partículas. Simplesmente, como se fossem uma só, as duas partículas se conformam, desafiando a ciência materialista.

Dissemos: duas partículas que estiveram em contato uma com a outra. Mas no big bang, as partículas do universo não estavam TODAS em contato umas com as outras?

Com isso, existe uma dimensão no universo que não seja feita de tempo e matéria, uma dimensão psíquica que conecta cada átomo a uma "mente universal" E que também conecta TODOS NÓS à mesma mente?

Teoria unificadora.

Carl Jung e Wolfgang Pauli combinaram suas experiências científicas na busca de uma teoria que unificasse espírito e matéria.

De sua parte, Stephen Hawking, em seu último estudo da teoria unificadora do cosmos, incluiu uma variável muito semelhante em suas fórmulas.

Enquanto isso, as borboletas brasileiras podem descansar e bater as asas com calma: não é certo que sejam sempre e somente elas a causa dos tornados texanos. Na verdade, talvez, eles não são de todo.

As declinações da consciência.

Carl Jung e a casa de vários andares.

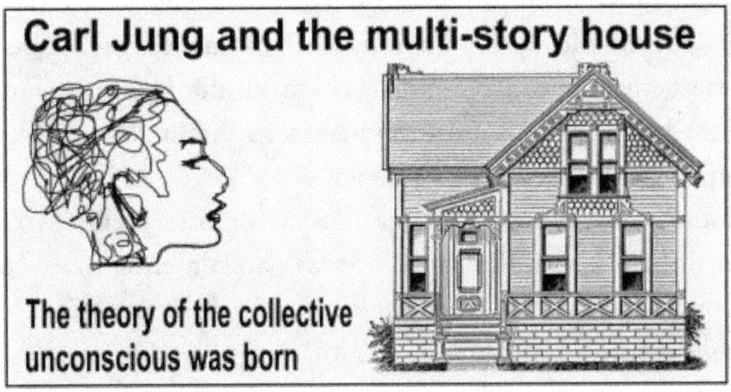

"Carl Jung e a casa de vários andares. Nasce a teoria do inconsciente coletivo".

Em seu livro "Memórias, sonhos e reflexões" Carl Jung explica a gênese de sua teoria sobre o inconsciente coletivo. Tudo começou com crescentes mal-entendidos com Sigmund Freud, culminando na interpretação redutiva de um sonho por Jung. Jung rejeitou a versão freudiana e preferiu dar ao seu sonho uma chave interpretativa completamente original, que culminou na publicação de seu trabalho inovador, "A libido, símbolos e transformações" em 1912.

A seguir, retomamos a história de Jung, que começa expondo as razões do desacordo com Freud.

Desentendimentos entre Jung e Freud.

"O ano de 1909 foi decisivo para nossas relações. Eu considerava Freud uma personalidade mais velha, mais experiente e madura, e me sentia um filho dele. Mas então aconteceu algo que desferiu um duro golpe em nossa amizade. Freud teve um sonho, que envolvia problemas que não me sinto autorizado a relatar. Interpretei-o o melhor que pude, mas acrescentei que muito mais poderia ter sido dito se ele tivesse me dado alguns detalhes sobre sua vida privada.

Diante dessas palavras, Freud me olhou surpreso, com um olhar cheio de suspeitas, depois disse:

"Eu não posso comprometer minha autoridade!"

Sua autoridade, ele a perdeu naquele momento. Essa frase ficou impressa como uma marca indelével em minha memória, e nela já havia um antegozo do fim da nossa amizade. Assim, Freud colocou a autoridade pessoal acima da verdade!

Como já disse, Freud ou era incapaz de interpretar os sonhos que eu tinha, ou os interpretava apenas parcialmente. Eram sonhos de conteúdo coletivo, com muito material simbólico. Um foi particularmente importante para mim, porque pela primeira vez me levou ao conceito de "inconsciente coletivo" e, portanto, representou uma espécie de prelúdio para meu livro "Wandlungen und Symbole der Libido". (A libido, símbolos e transformações).

Jung continua a narração contando seu sonho talvez mais famoso, conhecido como "A casa de vários andares".

O sonho de Carl Jung.

"Eu estava em uma casa desconhecida de dois andares. Era "minha casa". Eu estava no andar de cima, onde havia uma espécie de sala de estar mobiliada com belas antiguidades em estilo rococó. Antigas pinturas valiosas estavam penduradas nas paredes. Fiquei surpreso ao pensar que esta poderia ser a minha casa, e pensei: "Não é ruim!" Mas então me ocorreu que eu não sabia como era o andar de baixo. Desci as escadas e cheguei ao térreo.

Tudo era muito mais antigo, e percebi que esta parte da casa devia ser por volta do século XV ou XVI. Os móveis eram medievais e os pisos eram de tijolo vermelho. Tudo estava bem escuro. Fui de quarto em quarto, pensando: "Agora tenho mesmo que explorar a casa inteira!" Cheguei a uma porta pesada e a abri: descobri uma escada de pedra que levava ao porão. Desci as escadas e me encontrei em uma sala com um belo teto abobadado, excepcionalmente antigo.

Examinando as paredes descobri, entre os blocos de pedra comuns, camadas de tijolos e fragmentos de tijolos contidos na argamassa: daí percebi que as paredes datavam da época romana. Eu estava mais interessado do que nunca. Examinei também o piso, que era feito de lajes de pedra, e em uma delas notei um anel: puxei-o para cima, e a laje de pedra se ergueu, revelando outra escada, de estreitos degraus de pedra que desciam até o fundo. Também desci esses degraus e entrei em uma caverna baixa esculpida na rocha. Uma espessa camada de poeira cobria o chão, e ossos e cacos estavam espalhados na poeira, como os restos de uma civilização primitiva. Descobri dois crânios humanos, evidentemente de tempos remotos e meio destruídos. Neste ponto, o sonho terminou."

A interpretação de Freud.

"O que mais interessou a Freud neste sonho foram os dois crânios. Ele continuou voltando para eles e me incitou a descobrir um desejo que estava relacionado a eles. O que eu achei das caveiras? E de quem eram eles? Claro que eu sabia exatamente o que ele pretendia: mostrar que desejos secretos de morte estavam escondidos no sonho: "O que ele realmente quer?" Eu refleti para mim mesmo. A quem, então, devo desejar a morte? Senti uma resistência violenta a tal interpretação e também tive alguma noção do que o sonho poderia realmente significar. Mas eu ainda não confiava no meu julgamento e queria ouvir a opinião de Freud. Eu queria aprender com ele. Portanto, favorecendo sua intenção, eu disse: "Minha esposa e minha cunhada". Afinal, eu tinha que nomear alguém cuja morte valia a pena desejar!"

Portanto, segundo a interpretação de Freud (também comprometida pela mentira de Jung, é preciso dizer) aquele sonho representava um conflito tão forte que queria que as duas mulheres morressem.

No entanto, Jung já tinha ideias bastante claras e, por isso, decepcionado com a interpretação reducionista de Freud, sentiu-se estimulado a desenvolvê-las, conforme expõe na continuação da história:

Consciência no sonho de Jung.

"Ficou claro para mim que o sonho representava uma espécie de imagem do psiquismo, ou seja, da condição em que minha consciência estava então, com o acréscimo das integrações inconscientes adquiridas até então. A consciência era representada pela sala de estar: tinha a atmosfera de um lugar habitado, apesar do estilo de outras épocas."

O subconsciente.

"O subconsciente real começou com o andar térreo. Quanto mais baixo eu descia, mais estranho e escuro se tornava. Na caverna eu havia descoberto os restos de uma civilização primitiva, ou seja, o mundo do homem primitivo em mim, um mundo que dificilmente pode ser alcançado ou iluminado pela consciência. A psique primitiva do homem beira a vida da alma animal, assim como as cavernas dos tempos pré-históricos eram geralmente habitadas por animais antes que os homens as reivindicassem para si.

À condição que acabamos de descrever de minha consciência, o sonho acrescentou ainda mais estratificações: o térreo medieval desabitado por algum tempo, depois a adega romana, finalmente a caverna pré-histórica; representações de tempos passados e estágios remotos de consciência."

A formação cultural subjacente aos desentendimentos com Freud.

"Então percebi claramente quão forte era a diferença entre a atitude intelectual de Freud e a minha. Cresci na atmosfera histórica de Basileia no final do século XIX e adquiri, graças à leitura dos antigos filósofos, um certo conhecimento da história da psicologia. Quando refleti sobre os sonhos e os conteúdos do inconsciente, nunca o fiz sem fazer comparações históricas; na época dos meus estudos eu sempre usava o velho dicionário de filosofia Krug. Os escritores do século XVIII e início do XIX eram particularmente conhecidos por mim. Este foi o mundo que criou a atmosfera da minha sala de estar no primeiro andar.

Em vez disso, tive a impressão de que a história espiritual de Freud começou com Büchner, Moleschott, Dubois-Reymond e Darwin."

Conclusões de Jung.

"Meu sonho, portanto, representava uma espécie de diagrama estrutural da psique humana, um pressuposto de natureza completamente impessoal. Essa ideia atingiu o alvo, "encaixou", como dizem os britânicos; e o sonho tornou-se para mim uma imagem orientadora, que mais tarde se fortaleceria de forma insuspeitada. Foi minha primeira intuição da existência, no psiquismo pessoal, de um "a priori coletivo", que a princípio acreditei ser constituído por vestígios de modos primitivos de agir. Mais tarde, com a mais ampla experiência e com base em conhecimentos mais seguros, reconheci naqueles modos de agir formas instintivas, isto é, arquétipos."

Emaranhamento e o subconsciente coletivo.

"Em união com o cosmos".

A física quântica, a ciência do século estudada pelo Prêmio Nobel Wolfgang Pauli, faz de todo o cosmos uma coisa. O emaranhamento prevê a existência de um cosmos psíquico.

Emaranhamento e o subconsciente coletivo.

Existem fenômenos biológicos que não podem ser explicados pelos modelos bioquímicos e físicos conhecidos no momento.

Por exemplo, não há explicação convincente para a incrível sincronia de voo típica de grandes bandos de pássaros ou para as evoluções simultâneas na água de enormes cardumes de peixes.

Em conjunto, essas agregações de animais individuais parecem se comportar como se tivessem uma "mente coletiva".

Essa mente comum é capaz de perceber, por exemplo, a aproximação de um predador e coordena as manobras defensivas de todo o grupo.

Milhares de animais podem abrir, girar, subir e descer instantaneamente com uma sincronicidade surpreendente.

Uma comunicação instantânea.

Essa incrível sincronização pode simbolizar a comunicação instantânea, sem limites de espaço e tempo, que ocorre entre partículas elementares. O fenômeno é chamado de "emaranhamento".

Duas ou mais partículas, relacionadas entre si, parecem ter as propriedades típicas das realidades biológicas mencionadas, na verdade, muito mais. Embora as partículas estejam separadas e dispersas pelo cosmos, elas continuam a se comportar como se fossem uma só.

A coordenação de partículas emaranhadas não pode ser determinada pelos fatores físicos que regulam a matéria. Na verdade, isso não acontece por meio da troca de sinais físicos. Isso é demonstrado pelo fato de que as interações entre as partículas são instantâneas, ou seja, ultrapassam o limite físico da velocidade da luz.

O universo é feito apenas de matéria?

A ciência dos últimos séculos se concentrou no mundo da matéria, aquele em que o homem vive e amadurece todas as suas experiências. Consequentemente, nos acostumamos a raciocinar em termos determinísticos: toda a realidade consiste em eventos gerados e administrados pela matéria.

No entanto, as descobertas da física quântica levam a conclusões diferentes. Muitos cientistas entenderam que a realidade em que vivemos é mais do que matéria.

Não somos prisioneiros de um universo estéril feito de pedras, gases e moléculas orgânicas nascidas de mecanismos bioquímicos aleatórios. Em vez disso, vivemos em um universo com consciência.

O princípio antrópico revela que o universo foi projetado justamente para permitir vida e inteligência.

O emaranhamento demonstra que existe um nível de "gerenciamento do universo" superior às leis do materialismo físico. Mas também leva a conclusões extraordinárias.

Se duas partículas, mesmo depois de separadas, continuam a se comportar como se fossem uma só, então todo o universo é dominado por uma força que o torna único. Na verdade, todo o universo é composto de partículas relacionadas, porque todas elas vêm do Big Bang.

O emaranhamento põe em jogo a metafísica.

Carl Jung partiu de um fenômeno inexplicável, o das coincidências extraordinárias das quais todos somos frequentemente protagonistas. Por exemplo, sonhamos com um ente querido em perigo e no dia seguinte ficamos sabendo que o fato aconteceu.

Como poderíamos saber antes, como poderíamos receber essa informação em um sonho, especialmente se a pessoa mora muito longe de nós?

Jung teorizou a existência de um inconsciente coletivo, isto é, uma consciência universal externa a indivíduos individuais, da qual as consciências individuais podem recorrer.

Arquétipos fluem para nossa consciência a partir do inconsciente coletivo, que em nossa percepção se transformam em avisos, conselhos, humores, premonições, consciência.

O emaranhamento prevê a existência de um cosmos psíquico.

O milênio que se inicia será a era que encontrará a "fórmula unificadora" da matéria e do espírito.

O arquétipo da Sombra.

"O arquétipo da Sombra".

Infelizmente, não há dúvida de que, em geral, o homem é menos bom do que ele mesmo imagina ou quer ser" (Carl Jung)

O arquétipo da Sombra tem conteúdos que às vezes queremos esconder até de nós mesmos.

Breve introdução.

Jung imaginou que na psique de cada indivíduo existem três "camadas":

- Consciência individual.
- Subconsciente individual.
- Subconsciente coletivo.

Ele chegou a essa conclusão após seu famoso sonho sobre a "casa", composta por vários níveis: do andar superior, ao térreo, ao porão, à escotilha secreta no fundo do porão.

A primeira camada, a consciência, não precisa ser explicada porque é o estado consciente da psique de cada indivíduo.

Subconsciente individual e subconsciente coletivo.

O itinerário de diferenciação entre Jung e Freud atingiu seu ápice quando, em 1912, Jung decidiu publicar sua obra (A libido: símbolos e transformações) na qual expunha todas as suas dissensões teóricas.

Neste livro ele manifesta sua orientação, visando estender a pesquisa analítica das histórias individuais para a humanidade como um todo. De fato, segundo Jung, além de um subconsciente individual, existe um subconsciente coletivo, que manifesta sua presença e atua por meio de arquétipos.

Jung afirma que o subconsciente pessoal deve sua existência à experiência pessoal e é essencialmente composto de conteúdos que foram conscientes, mesmo que tenham sido esquecidos ou removidos.

Por outro lado, os conteúdos do subconsciente coletivo nunca estiveram na consciência individual e, portanto, nunca foram adquiridos através da experiência, mas são uma espécie de "herança" gratuita que todos recebemos: é um tesouro real, a experiência de toda a humanidade que viveu antes de nós.

Consequentemente, Jung distingue os dois tipos de subconsciente referindo-se ao seu conteúdo: o subconsciente individual contém acima de todos os complexos; o subconsciente coletivo, por outro lado, é essencialmente formado por arquétipos, ou "modelos primordiais".

Os arquétipos.

Os arquétipos correspondem às experiências amadurecidas pela humanidade ao longo de sua história evolutiva. Eles são a memória da humanidade e estão encerrados em um espaço que Jung chama de "subconsciente coletivo". Ele o define assim porque não é individual, mas é compartilhado, acessível por toda a humanidade e por cada ser humano.

Os arquétipos que residem no subconsciente coletivo têm o poder de intervir na vida dos indivíduos gerando episódios que Jung chama de sincronicidade.

Na construção dessa teoria, ele contou com a partilha e o apoio moral do famoso físico laureado com o Nobel Wolfgang Pauli, que o encorajou a expressar suas conclusões apesar de Jung hesitar durante anos em fazê-lo. Pauli o convenceu a publicar juntos, em 1952, uma obra contendo dois ensaios, um de Pauli e outro de Jung. A contribuição de Jung foi intitulada "Sincronicidade como um Princípio de Conexões Acasais".

Entre os arquétipos hipotetizados por Carl Jung, lembramos:

- A Alma (figura feminina no inconsciente masculino).

- o Animus (figura masculina no inconsciente feminino).

- O Velho Sábio, a Mãe, a Água, o Inocente, o Órfão, o Guerreiro, o Anjo da Guarda, o Amante, o Buscador, o Destruidor, o Criador, o Governante, o Mago, o Sábio, o Louco.

Certamente o arquétipo mais sombrio é a Sombra.

O arquétipo da Sombra.

De acordo com Carl Jung, o arquétipo da Sombra representa o "lado sombrio" de nossa personalidade. Este é o mundo subterrâneo de nossa psique, aquele escondido sob o alçapão no porão da "casa" de Jung. Aqui está o núcleo mais primitivo da psique, um conjunto dos instintos mais reprimidos, do egoísmo, das predisposições bestiais. Esse componente está lá, mesmo que nossa mente consciente o rejeite porque é repugnante olhar para os abismos mais profundos da psique.

"Sombra" é um termo que Jung tirou de Friedrich Nietzsche. À primeira vista, a maioria de nós acredita que somos, e posamos, como uma boa pessoa com nobres intenções. Dentro de nós, porém, existem dimensões reprimidas, instintos herdados em que às vezes espreitam a violência, a raiva e o ódio. A esse respeito, Jung dizce:

> "Infelizmente, não há dúvida de que, em geral, o homem é menos bom do que ele mesmo imagina ou quer ser. Todo mundo tem uma sombra, e quanto mais ela é escondida da vida consciente do indivíduo, mais a sombra se torna negra e densa. De qualquer forma, é um dos nossos piores obstáculos, pois frustra nossas melhores intenções.."

Mesmo tudo o que consideramos "ruim" por causa de nossa educação e das normas morais de nossa sociedade, torna-se nossa sombra.

No entanto, não devemos pensar que temos um Sr. Hyde dentro de nós que está ansioso para poder vir à tona.

Muitas vezes a Sombra é o ponto de partida para uma renovação da personalidade. O "confronto com a sombra" representa a primeira fase da terapia junguiana. De fato, muitas vezes nossos "defeitos" derivam sua origem dos complexos subconscientes presentes em nossa Sombra.

O arquétipo da Sombra não reside apenas nos indivíduos. Às vezes também está presente em "grupos de pessoas", em seitas, comunidades políticas ou religiosas ou qualquer outro tipo. Provavelmente toda multinacional tem uma sombra muito escura. Muitas vezes acontece que essas organizações obedecem aos impulsos de sua Sombra para justificar atos de violência ou fraude contra a humanidade.

Conclusões.

Em resumo, o subconsciente coletivo representa um recipiente de "idéias" ou "modelos", os arquétipos.

É como uma consciência superior, à qual todas as consciências individuais estão conectadas, para que seus conteúdos possam ser compartilhados.

Os arquétipos contidos no subconsciente coletivo são as formas e símbolos que se manifestam em todos os povos de todas as culturas. Todos podemos aproveitar esse conteúdo sem tê-lo experimentado diretamente.

Jung constrói a teoria do inconsciente coletivo a partir do exame das estranhas coincidências que afetam todas as pessoas. Quando essas coincidências se manifestam de forma tão significativa que não podem ser consideradas meros frutos do acaso, tornam-se sincronicidades. Não sendo o resultado do acaso, as sincronicidades precisam de um nível mais alto de consciência para serem explicadas.

O portal da sincronicidade.

"O portal da sincronicidade".

Sincronicidade é o nome com que Jung indica o fenômeno que gera eventos extraordinários em nossa existência, como pressentimentos, premonições, sonhos que se realizam. As sincronicidades também indicam a sucessão de fatos sem vínculos entre si, mas que no conjunto adquirem um significado preciso em nossa percepção.

Quando acontece a sincronicidade?

Uma sincronicidade ocorre toda vez que um conjunto de "sinais" nos leva a um resultado para o qual podemos dizer "eu senti, eu esperava", como se algo ou alguém quisesse nos alertar e nos dar conselhos sobre o comportamento. É verdadeira sincronicidade quando isso acontece sem que já tenhamos o conhecimento necessário dentro de nós para processar a conclusão. Exemplo: Tenho que sair para uma viagem mas de repente, por uma estranha sensação de desconforto, decido não sair mais, e o veículo (comboio, avião, outro) envolve-se num grave acidente com muitas vítimas.

De onde vem esse conhecimento?

Evidentemente esse conhecimento não pode ter sido elaborado em nossa mente que, segundo a ciência atual, não pode prever o futuro. Jung sugere que o conhecimento total do universo está contido em uma consciência superior, que ele chama de "subconsciente coletivo". Todos nós, além de recorrermos à nossa consciência individual que contém informações muito limitadas, podemos também recorrer ao subconsciente coletivo que contém todo o conhecimento do universo.

Esse conhecimento praticamente infinito está presente no subconsciente coletivo na forma de ARQUÉTIPOS, ou seja, princípios de conhecimento, que podem se manifestar psiquicamente em nós através de meios como sonhos, premonições, sensações ou a decifração de fatos significativos que ocorrem em nossa vida. vida cotidiana: fatos que individualmente poderiam ser considerados como pertencentes ao caso, mas que no conjunto se confirmam até convergirem em uma única profecia.

Por que nem sempre acontece?

Jung faz essa pergunta e estabelece uma relação entre a ocorrência de sincronicidade e nosso consentimento para que ela ocorra. Segundo Jung, nossa consciência individual estabelece um nível de vigilância que impede que a consciência coletiva nos penetre. Para permitir que o subconsciente coletivo derrame seus arquétipos em nossa consciência individual, essa consciência deve diminuir seu nível de vigilância, suas defesas; que instintivamente não estamos dispostos a fazer.

Em seu ensaio "Synchronicity as a Principle of Acasual Connections", Jung escreve:

"Cada estado emocional causa uma modificação da consciência, uma modificação que Pierre Janet definiu" abaissement du niveau mental "(rebaixamento do nível mental. Isso significa que ocorre um certo estreitamento da consciência e, ao mesmo tempo, um fortalecimento do subconsciente ... Consequentemente, a consciência cai sob a influência de impulsos e conteúdos subconscientes instintivos".

A consciência naturalmente diminui seus níveis de defesa em caso de trauma psicológico ou eventos emocionais complexos, como uma mudança repentina em nosso padrão de vida, amor, traição, perda de um ente querido. Às vezes, o fenômeno sincronístico precede tais eventos, confirmando que o tempo é apenas nossa percepção e no nível do subconsciente tudo está apenas presente, não há antes e depois.

Psicologia oriental.

A psicologia oriental tende a ensinar o rebaixamento dos níveis de defesa da consciência como objetivo e resultado dos exercícios, mas também confirma que o contato com a dimensão misteriosa do universo (o Tao) ocorre por meio do estranhamento.

Comentando o Chuang-tzu, Hans Kung escreve: "O texto fala tanto de 'sentar e esquecer' quanto de 'jejuar do coração', o que significa nada mais do que esvaziar os sentidos e a mente:

"Que seus ouvidos e seus olhos entrem em comunicação com seu íntimo... Então os deuses e espíritos também virão visitá-lo."

Em uma conversa com Confúcio, o discípulo Yen Hui diz:

- Eu fiz algum progresso. Eu vim para o silêncio e esqueci tudo

- O que você quer dizer com isso? Confúcio perguntou

- Esqueci meu corpo e abandonei meu conhecimento. Longe do corpo e livre do conhecimento "Eu me tornei um com aquilo que tudo penetra."

Tao e Espírito.

Na concepção ocidental, o Tao pode ser considerado análogo ao Espírito da Bíblia. O Espírito Santo permeia toda a criação e do

Espírito descem todas as iluminações que guiam o homem e o tornam capaz de ser profeta de sua vida.

No livro de Joel Deus diz:

> "... Depois disso, derramarei o meu Espírito sobre todo homem
> E seus filhos e filhas se tornarão profetas.
> Os idosos terão sonhos, os jovens terão visões.
> Mesmo em escravos e em escravas
> Naqueles dias, derramarei meu Espírito" (Joel 3)

Os canais de comunicação com o Espírito são a meditação e a oração, mas mais uma vez a Bíblia com as palavras de Jesus confirma que isso deve acontecer distanciando-se do mundo e de si mesmo:

"Mas tu, quando orares, entra no teu quarto e, fechando a porta, ora a teu Pai que está em secreto" (Mateus 6)

Jung e Freud, os pólos opostos da psicologia moderna.

"Mundo da psicanálise em antítese. Dois polos tão opostos que mais não é possível".

Jung e Freud eram duas pessoas muito diferentes em idade, classe social, religiosidade, interesses culturais, situações familiares. Eles eram quase contemporâneos, então se conheceram e, por um tempo, trabalharam juntos. Sua colaboração, onde Freud, já estabelecido, assumiu o papel de "professor", começou em 1907. Freud chegou a dizer que Jung era seu "filho mais velho adotivo". No entanto, devido às suas diferenças, eles interpretaram a realidade e a psicologia humana de maneira muito diferente.

Psicologia, um tema da moda.

A psicologia é um tema bastante na moda, por isso é muito falado, em livros, jornais, mídia televisiva e nas mais variadas ocasiões. Embora a quantidade de informação seja grande e qualitativamente valiosa, ela não envolve um grande grupo de pessoas (provavelmente a maioria) que, não tendo tempo nem necessidade, mantêm uma compreensão decididamente aproximada do assunto. Assim acontece de ouvir opiniões em que se emaranham raciocínios e conceitos, de onde emergem nomes famosos misericordiosamente unidos por nada mais, senão pelo vácuo de informação de quem deles fala.

Aqueles que demonstraram interesse nos argumentos expressos nesta página tendem a ser junguianos. De fato, Carl Jung, primeiro colaborativo, depois em desacordo e finalmente em clara oposição a Freud, elaborou as teorias das quais falamos longamente nesta página. Estas são as teorias que Jung expandiu em sua colaboração com Wolfgang Pauli. Estou falando das teorias do inconsciente coletivo e da sincronicidade. São teorias que se enquadram na categoria do espírito, e nada têm a ver com o pensamento freudiano, de orientação materialista.

Carl Gustav Jung e Sigmund Freud.

Jung e Freud eram duas pessoas muito diferentes em idade, classe social, religiosidade, interesses culturais, situações familiares.

Claro que eles eram quase contemporâneos, então eles se conheceram e, por um tempo, trabalharam juntos. Sua colaboração, onde Freud, já estabelecido, assumiu o papel de "professor", começou em 1906. Freud chegou a dizer que Jung era seu "filho mais velho adotivo". No entanto, devido às suas diferenças, eles interpretaram a realidade e a psicologia humana de maneira muito diferente.

Sigmund Freud era um neurologista nascido na Áustria. Ele iniciou e formou uma das correntes psicológicas mais poderosas e tradicionais: a psicanálise.

Carl Gustav Jung foi uma das principais figuras intelectuais do pensamento psicológico e psicanalítico, psiquiatra, psicanalista, antropólogo e filósofo suíço.

Ele nasceu em 26 de julho de 1875 em Kesswil, Suíça, filho de Paul Achilles Jung, um teólogo e pastor protestante, e de Emilie

Preiswerk. Graduou-se em medicina e em 1900 deu entrada no hospital psiquiátrico de Zurique.

Ele estava inicialmente próximo do pensamento de Sigmund Freud, concordando com suas interpretações dos fenômenos psíquicos. Os dois se conheceram em Viena em 1907, e nessa ocasião conversaram por treze horas.

Como resultado dessa colaboração, Jung passou a ser chamado de "golfinho" da psicanálise, e esperava-se que ele fosse o sucessor de Freud à frente do movimento psicanalítico.

Aqui estão alguns trechos do meu livro "Todas as cores do emaranhamento":

Dissensão e ruptura entre Jung e Freud.

Em vez disso, depois de apenas alguns anos, surgiram os primeiros sinais de suas dissensões, que dariam origem às duas principais orientações históricas da psicanálise, entendidas por Freud como terapia e por Jung como forma de conhecer a psique.

Essa dupla visão rapidamente se consolidou, tanto que, já em 1909, a Clark University, tendo planejado um ciclo de palestras nos Estados Unidos, convidou os dois.

Durante a viagem de navio, os dois cientistas decidiram praticar a análise dos sonhos um do outro. No entanto, Jung não ficou satisfeito com a colaboração de Freud. Freud, na opinião de Jung, manteve uma atitude de reticência tentando esconder alguns aspectos de sua vida privada que, ao contrário, seriam indispensáveis para uma melhor análise.

Quando Jung expressou essa perplexidade, Freud não negou, mas afirmou que a razão de sua reticência era que ele não podia revelar aspectos de sua própria personalidade que pudessem comprometer sua autoridade. A partir desse episódio, a estima de Jung por Freud começou a diminuir, assim como sua apreciação por suas teorias.

Ano de 1912. Jung põe fim à colaboração com Freud.

A isso se somou o crescimento de um itinerário de diferenciação conceitual, que atingiu seu ápice quando, em 1912, Jung decidiu publicar sua obra (Libido: Símbolos e Transformações) na qual expunha todas as suas dissensões teóricas.

Neste livro ele manifesta sua orientação, visando estender a pesquisa analítica da história do indivíduo para toda a humanidade: de fato, segundo Jung, além de um subconsciente individual há um subconsciente coletivo, que manifesta sua presença e atua por meio de arquétipos.

Nessa visão, a vida do indivíduo torna-se um caminho pelo qual se dá a realização do eu pessoal. Jung chama isso de "processo de descoberta".

Após a publicação deste livro, suas relações com Freud se romperam. Sobre o pensamento de Freud ele disse: "O cérebro é visto como um apêndice dos genitais".

Quanto ao conteúdo das duas interpretações, e sua diferenciação, podemos considerar que Jung compartilhou inicialmente com Freud a hipótese relativa à doença mental. Segundo Freud, estas, para serem compreendidas, requerem o conhecimento da história individual do paciente e dos processos de repressão que acompanham essa história. Freud acredita que se trata de processos relativos a conteúdos de natureza exclusivamente sexual.

Em um segundo momento Jung formulou a hipótese de que os fenômenos da psique não eram o que Freud os descreveu. Segundo a teoria que Jung estava construindo, os fenômenos psíquicos eram manifestações de uma energia presente na natureza, a libido.

Libido e símbolos.

A libido é uma espécie de impulso vital, uma pulsão que visa dinamicamente a vida e a conservação da espécie.

Portanto, na terapia psicológica não é necessário ter em mente apenas o componente biológico, com uma abordagem em última análise pessimista, mas também o espiritual, que confere uma tensão saudável visando a melhoria.

Segundo Jung, os impulsos da libido também podem ser desviados para conceitos e ambições intangíveis e, portanto, podem gerar uma evolução espiritual. A doença psíquica ocorre quando esse processo evolutivo é bloqueado; nestas condições surgem as neuroses. A libido funciona produzindo símbolos. Graças a isso, o homem primitivo foi capaz de transferir os impulsos imediatos que os direcionam para a criatividade, iniciando assim a transição do nível instintivo animal para o nível cultural.

Os símbolos da libido têm conteúdos que vão além da consciência individual e podem contribuir para transformar a natureza do homem.

Os arquétipos.

Alguns desses símbolos são universais, comuns e compartilhados por todos os indivíduos. Jung os chama de arquétipos, termo derivado do grego que pode se tornar mais compreensível com traduções como "imagens originais", "modelos", "imagens virtuais", "representações possíveis".

Os arquétipos correspondem às experiências amadurecidas pela humanidade ao longo de sua história evolutiva à medida que desenvolveu a consciência. Eles são a memória da humanidade e estão encerrados em um espaço que Jung chama de "subconsciente coletivo". Este subconsciente é "coletivo" porque não é individual, mas compartilhado, acessível por toda a humanidade e por cada ser humano.

Os arquétipos que residem no subconsciente coletivo têm o poder de intervir na vida dos indivíduos gerando episódios que Jung chama de sincronicidade.

Na construção dessa teoria, ele teve o apoio e apoio do famoso físico ganhador do Nobel Wolfgang Pauli, que o encorajou a expressar suas conclusões apesar de Jung hesitar por anos em fazê-lo. Pauli o convenceu a publicar juntos, em 1952, um livro que continha as teorias de Jung na forma de um ensaio intitulado "Synchronicity as a Principle of Acasual Connections".

A carruagem do profeta Ezequiel.

"Caça ao arquétipo. Unidade de matéria e psique".

Um exemplo de sincronicidade profética.

Existem arquétipos que aparecem com menos frequência na consciência humana, mas que podem ser considerados cometas: parece que querem deixar uma mensagem mais universal e que querem direcionar a humanidade para um nível superior de conhecimento.

São arquétipos que constituem eventos sincrônicos de significado quase eterno, que não têm começo nem fim, mas se perpetuam e se repropõem não tanto na consciência do indivíduo, mas na consciência histórica do mundo.

No Evangelho de Marcos, Jesus observa que o homem sabe reconhecer a chegada da primavera observando a figueira, e assim nos convida a prestar atenção aos sinais dos tempos também nas coisas espirituais.

Experiências pessoais de sincronicidade mostram que existem alguns sinais de alerta que nos ajudam a entender o progresso de nossa vida. Isso é fácil para nós porque encontramos esses sinais em contextos limitados pelo tempo, os associamos à nossa situação atual e assim podemos dar-lhes um SENTIDO evidente, quase milagroso.

Existem outros sinais de que somos incapazes de nos conectar diretamente, tanto porque não nos envolvem emocionalmente, quanto porque estão tão dispersos no oceano de eventos humanos que não despertam a atenção do indivíduo.

Acredito que a pesquisa e análise desses arquétipos, que geram sincronicidades proféticas para toda a humanidade, é material de estudo útil para definir melhor um aspecto ainda indefinido da teoria da sincronicidade, o de sua utilidade. Existe realmente uma razão fundamental, uma coerência, uma "mente condutora" positiva por trás da sincronicidade?

A carruagem de fogo de Ezequiel.

O exemplo que proponho é o de duas visões ou sonhos que não poderiam estar mais distantes no tempo. No entanto, eles guardam uma semelhança marcante, sem prejuízo das esferas sociais e da formação cultural dos dois protagonistas. Ambos são baseados em duas rodas, colocadas uma dentro da outra, que giram em direção não concêntrica, ligadas por um eixo central impossível.

Ezequiel, profeta bíblico, conta a visão de uma carruagem de fogo: (1, 16 ss.)

> "As rodas tinham a aparência e estrutura como pedra topázio e todas as quatro tinham a mesma forma, sua aparência e estrutura era como uma roda no meio de outra roda. Eles podiam se mover em quatro direções, sem precisar virar ao se mover. A circunferência deles era muito grande e os círculos de todos os quatro estavam cheios de olhos ao redor.... o espírito do vivente estava nas rodas" (veja a figura à esquerda).

O sonho de Wolfgang Pauli.

Pauli também fala de duas rodas, dois discos giratórios concêntricos que têm um aspecto mais moderno, mas o mesmo mecanismo, para o qual ele define a visão com o termo relógio. (figura direita)

Além da semelhança mecânica, o que as duas visões têm em comum?

Ambos sugerem aos seus protagonistas a necessidade de trazer (transmitir, diríamos) uma mensagem que não seja só para eles.

Ezequiel teve muitas visões, mas a do carro é a primeira, descrita no capítulo 1 de seu livro. Seguindo a visão, ele recebe um comando:

> “"Ele me disse: Filho do homem, eu te envio aos filhos de Israel, às nações rebeldes... Você lhes dirá: "Assim fala o Senhor Deus". Quer te escutem ou não, porque são uma casa rebelde, saberão que há um profeta no meio deles. ... Você, filho do homem, ouça o que eu lhe digo; não seja rebelde como esta família rebelde; abra a boca e coma o que eu te dou". Olhei, e eis que uma mão estava estendida em minha direção, segurando um rolo de livro; desenrolou-o na minha frente; estava escrito por dentro e por fora, e continha lamentações, gemidos e aflições.”
>
> Ezequiel deve tomar posse da mensagem que recebe, mesmo comendo-a, para assimilá-la o mais profundamente possível.

A mensagem de Pauli.

Pauli contou com os cuidados de Jung na hora do sonho do relógio. Ele entende que o sonho contém uma mensagem que deve ser transposta para sua pesquisa científica. Para Pauli as duas rodas representam a psique e a matéria, que precisam ser unificadas em uma teoria física científica; mas não será capaz de encontrar a solução unificadora. De fato, a ciência moderna rejeita qualquer referência à psique ou ao espírito como lepra.

Massimo Teodorani diz isso em seu livro "Sincronicidade":

> "Basicamente Pauli - apesar de não ter conseguido concretizar seu sonho de unificação entre psique e matéria - tinha entendido, no entanto, que existem aspectos da matéria que sugerem que na base de toda a estrutura do universo existe uma grande dimensão psíquica. Isso coincide em todos os aspectos com aquele subconsciente coletivo que Jung havia descoberto "

Quem sabe se existem, na história da humanidade, outras evidências do símbolo das duas rodas que se cruzam, para representar a união aparentemente impossível entre matéria e psique? Esta é uma pesquisa em que todos são convidados a participar, a reconstruir (se possível) a agenda de ação de um acompanhamento coerente realizado por este arquétipo em favor da humanidade.

Um navio carregado com... chegou

"Um navio carregado com... COINCIDÊNCIAS chegou. Quantas coincidências estranhas você já experimentou?"

Você sonha com um amigo que não o vê há anos porque mora em outra cidade, e no dia seguinte você o encontra na rua. Isso é somente uma coincidência?

Coincidências de acordo com Carl Jung.

Estranhas coincidências são experiências tão comuns que ninguém pensa que pode questioná-las. Carl Gustav Jung fala sobre isso oferecendo um exemplo:

> "Se sou forçado a verificar que meu bilhete de bonde tem o mesmo número do bilhete de teatro que compro imediatamente depois, e se durante a mesma noite recebo um telefonema ligando para o mesmo número, um relacionamento casual me parece muito improvável. "

Há também coincidências menos marcantes, que no entanto nos surpreendem porque assumem para nós o sentido de uma conexão quase impossível.

Inúmeros exemplos podem ser citados. Alguém mentalmente "vê" um ente querido em perigo e depois percebe que algo desagradável realmente envolveu essa pessoa. Alguém, com base em uma sensação desagradável, evita entrar no transporte público, e então descobre que aquele veículo se envolveu em um acidente. Outra pessoa sonha com um amigo que não vê há anos porque mora em outra cidade, e no dia seguinte o encontra na rua.

Continue assim, você com certeza tem muitos mais episódios para adicionar.

Mas a ciência não acredita.

A ciência não acredita em coincidências, acredita que é sempre e apenas sobre eventos que aconteceram por acaso. De fato, a ciência atual, baseada no materialismo, acredita que, aconteça o que acontecer, deve ser sempre consequência de outra coisa:

Eu me movo a partir do ponto A, depois de alguns passos (ou seja, um certo tempo) viro a esquina e vejo o que está no ponto B.

É impossível que eu soubesse primeiro o que está no ponto B. É necessário que a matéria em meu corpo se mova, e leva tempo para permitir que ela se mova. Só depois poderei ver o que está no ponto B.

Não é de se esperar que, antes que meu corpo se movesse, meu espírito já tivesse virado a esquina e já tivesse me informado sobre o que está no ponto B.

Coincidências também trazem a psique em jogo.

Coincidências, de qualquer tipo: presciência, sonhos, premonições, telepatia ou outras, também põem em jogo o espírito ou a psique. Se considerarmos que o universo não é feito apenas de matéria, mas de matéria e psique que formam nossa realidade juntas, então muitos fenômenos, que seriam inexplicáveis com os parâmetros do materialismo, tornam-se muito explicáveis. A teoria que propõe essa solução é chamada de "sincronicidade".

A ciência do novo milênio.

Hoje a ciência se sente desconfortável diante das novidades da física quântica. Essa nova ciência apresenta aspectos que escapam à relação causa-tempo-espaço típica da ciência materialista. Experimentos mostram como partículas muito distantes no espaço interagem umas com as outras simultaneamente. Embora as partículas estejam separadas por imensas distâncias, elas se comportam como se fossem uma só, colocadas no mesmo lugar. Essas partículas não são unidas por nenhuma conexão física, portanto, apenas a psique universal, que não conhece espaço e tempo, pode mantê-las unidas e causar esse comportamento.

Este é o fenômeno chamado "emaranhamento".

Sincronicidade e emaranhamento são a base de uma nova ciência, que unifica matéria e psique. É a ciência que acompanhará a humanidade em um grande salto para níveis mais elevados de conhecimento.

O misterioso anagrama de Carl Jung.

"Anagrama de Carl Jung".

Os Sete Sermões aos Mortos são textos de inspiração mística e de origem gnóstica, publicados privadamente por Carl Gustav Jung em 1916. Após o sétimo sermão, Jung insere um anagrama, que ainda permanece um enigma sem solução.

NAHTRIHECUNDE
GAHINNEVERAHTUNIN
ZEHGESSURKLACH
ZUNNUS

Um quebra-cabeça não resolvido.

Os Sete Sermões aos Mortos são textos de inspiração mística e de origem gnóstica, publicados privadamente por Carl Gustav Jung em 1916, sob o título completo: "Sete Sermões aos Mortos, escritos por Basilides de Alexandria, a cidade onde Oriente e Ocidente se encontram . . "

É a única parte dos manuscritos de Jung conhecida como o Livro Vermelho que foi compartilhada publicamente (embora apenas como uma homenagem aos amigos) em sua vida.

Após o sétimo sermão, Jung insere um anagrama, que ainda hoje permanece um quebra-cabeça sem solução. Quer tentar resolver? Aqui está o texto:

NAHTRIHECUNDE
GAHINNEVERAHTUNIN
ZEHGESSURKLACH
ZUNNUS

Bom trabalho!

Desmontar a alma. Os estranhos besouros que não convencem.

"Desmontar a alma. Os estranhos besouros que não convencem".

Uma alma pode ser desmontada, para entender o que está dentro? Claro que por "alma" queremos dizer uma personalidade, uma interioridade, enfim, aquele complexo de sensações, experiências, alegrias e dores, lembranças e esperanças que pertencem a cada um de nós, digamos a psique.

Desmonte o brinquedo.

Gostaria de começar com uma citação de Mefistófeles, em Fausto:

> "Para descrever uma realidade viva, procede-se antes de tudo matando-a e desmembrando-a. Então você tem a mão cheia de fragmentos inertes que faltam apenas - infelizmente - qualquer referência à vida".

O mistério da vida nunca pode ser entendido desmantelando um ser vivo. De fato, os materialistas gostariam de fazê-lo, à imitação de uma criança que desmonta o brinquedo para entender como ele funciona. Com o brinquedo você pode, porque o mistério está trivialmente em alguma mola de aço ou alguma engrenagem dentro dela. O mistério da vida, por outro lado, não é interno à criatura: vem de fora, de um lugar não-local.

Da mesma forma, uma alma não pode ser desmontada para entender o que está dentro. Claro que por "alma" queremos dizer uma personalidade, uma interioridade, enfim, aquele complexo de sensações, experiências, alegrias e dores, lembranças e esperanças que pertencem a cada um de nós, digamos a psique.

A psicologia tenta investigar o conteúdo desse poço escuro por vários métodos. Em essência, porém, o procedimento poderia ser sempre o mesmo: isolar (desmontar) cada emoção e colocá-la sob a lente da análise clínica para compreender seu conteúdo.

O método não pode funcionar. Para entender a razão, imaginamos a alma como uma textura muito fina onde todas as partes se mexem, se sobrepõem, se unem ou se dividem. Transferimos essa condição para uma imagem poética: um prado florido. Aqui, vamos imaginar a alma como uma grande extensão feita de folhas de grama, flores, arbustos, grãos de terra, raízes, insetos e qualquer outra coisa que possa fazer parte de um gramado.

Como é uma alma imaterial, todas as partes não têm substância real, são tão pequenas que são impalpáveis, invisíveis à vista.

Se quisermos analisar as partes desse gramado ideal, devemos proceder como faríamos no laboratório para examinar uma partícula elementar.

Princípio da incerteza de Heisenberg.

Vamos ver o que acontece na física quântica se você quiser "medir" uma partícula. Na realidade macroscópica (por exemplo, quando você quer "medir" uma ameba) você a coloca em uma lâmina, borrifa-a com um agente de contraste e acende-a fortemente com a luz do aparelho. O resultado que aparece é um corpúsculo colorido com uma cor que não lhe pertence, transparente com uma transparência que não lhe pertence, mas ainda assim uma ameba. Levando em conta que existem distorções dos meios de investigação, porém sabemos o que é.

No entanto, se quisermos examinar uma partícula elementar, por exemplo, um fóton, o princípio da incerteza de Heisenberg entra em jogo. O que isto significa? Que o fóton é muito pequeno em comparação com a grosseria das ferramentas de investigação. O fóton, que é um quantum de luz, é "sobrepujado" pela luz do instrumento de observação enquanto está sendo observado. Ou seja, o instrumento deforma o objeto que se deseja observar. Assim, esse fóton escapa à possibilidade de ser controlado.

Na verdade, sabemos que o fóton não é uma "bolinha" que fica em um determinado lugar e se move a uma certa velocidade. Não sabemos exatamente onde está esse fóton. Digamos que esteja em uma situação probabilística, ou seja, pode estar aqui, ou ali, ou em outro lugar ao mesmo tempo: é a lei dos "estados sobrepostos". Quando não o observamos, o fóton está simultaneamente em uma vasta quantidade de estados possíveis.

Quando o experimentador decide observá-lo, ele usa a violência, pelos motivos descritos acima, então diz-se que o fóton "colapsa" e cristaliza em determinada posição. Ele perde seu estado probabilístico, então se torna algo diferente.

Se posso me explicar, quando observamos um fóton ou um elétron ou outra partícula elementar, o que nossos instrumentos mostram não é exatamente essa partícula, mas outra coisa.

Ainda mais se repetirmos a medição, cada vez que a partícula colapsa em uma das posições probabilísticas anteriormente ocupadas, portanto, se observarmos a mesma partícula várias vezes, cada vez essa partícula se mostra algo diferente de todas as observações anteriores.

Diz-se que o observador determina a realidade.

A alma como uma nuvem quântica.

Agora, vamos transferir o conceito de observação para a alma. A alma, que imaginamos como um prado, pode ser comparada a uma grande nuvem quântica, feita de partículas absolutamente menores que elétrons ou fótons. Todas as partículas dessa nuvem são ondas que vibram em infinitas posições probabilísticas. Para "observar" essas particularidades é preciso fazê-las desmoronar em posições bem definidas. Mas teremos sucesso?

Se usarmos os meios que a Criação nos disponibilizou, sim. Nossa imaginação, nossa consciência, provavelmente nossa vontade pode interferir na nuvem fazendo com que as diversas partes desmoronem nas posições congeniais ao "instrumento" de observação, sem que o instrumento distorça sua natureza, pois o instrumento também é psíquico. Segundo o pensamento de Jung, o instrumento é "consubstancial" à parte observada.

Mas se um observador externo (por exemplo, um psicólogo) tenta isolar uma parte da alma para observá-la, essa influência externa será tão grosseira que distorcerá completamente a essência do que é observado. Essa parte irá inexoravelmente desmoronar em outra coisa.

Por exemplo, uma margarida pode se mostrar como um besouro. Então Sigmund Freud poderia dizer que aquele besouro, (um monstrinho fora do lugar), é um desejo sexual reprimido, em homenagem à sua teoria de que tudo no ser humano nada mais é do que um apêndice das principais ferramentas sexuais. Mas não era um besouro, na verdade era uma margarida!

Em vez disso, Carl Jung diria que aquele besouro é um símbolo de um renascimento espiritual, em homenagem à teoria de que os arquétipos herdados dos mitos mais antigos residem no inconsciente.

Talvez através de várias observações se observassem flores, insetos, criaturas estranhas, aromas e sabores, que seriam apenas "outras coisas" em relação à realidade, e ao final concluir-se-ia que a alma observada contém uma sopa feita dessa improvável " outras coisas".

A que distância da realidade!

Parafraseando Mefistófeles, podemos dizer que toda tentativa de investigação da alma "produz uma mão cheia de fragmentos inertes que, infelizmente, só carece - infelizmente - de qualquer referência à alma".

Paradoxos quânticos. Todas as consciências em jogo.

"Amigo de Wigner. Em outras palavras: o paradoxo do duplo observador".

Como já discuti em outros artigos, o experimento da dupla fenda evidencia o comportamento desconcertante de uma partícula e leva à consequência de que certos comportamentos da matéria não dependem de leis ou causalidades definidas, mas da vontade de quem observa aquele fenômeno. Diz-se que o observador determina o comportamento da matéria.

Vou resumir brevemente o experimento da fenda dupla.

Uma barreira com dois slots é colocada. Atrás da barreira há uma tela sensível, que é atingida se "algo" passar pelas rachaduras. Neste caso enviaremos fótons de luz através da barreira e a tela sensível será composta por um filme fotográfico. Quando o fóton atravessa a barreira, ele impacta o filme e deixa um rastro.

O experimento teve como objetivo entender se um fóton era comparável a uma "bola" ou se se propagava como uma onda, expandindo-se no espaço à medida que se afastava do ponto de partida.

Se o fóton fosse um corpúsculo, teria atravessado uma ou outra fenda e teria deixado uma marca no filme semelhante à de uma bala disparada de uma arma.

Se, por outro lado, o fóton tivesse a forma de uma onda, ele teria se expandido no espaço e teria atravessado ambas as fendas, gerando uma nova forma de onda atrás do estreitamento de cada fenda. As formas de onda além da barreira teriam se recomposto, ou seja, teriam interferido umas nas outras. Na tela não teria aparecido a marca afiada de uma bala, mas o desenho da soma das duas ondas interferentes.

De fato, percebeu-se que a interferência apareceu, então concluiu-se que o fóton não era "uma bolinha", mas "uma onda".

No entanto, se o experimentador deixa apenas uma fenda aberta, o fóton imprime na tela a marca nítida típica de uma pequena bola.

Assim, um único fóton empurrado através de uma fenda se comportou como uma partícula. Se, por outro lado, tivesse sido empurrado para duas fendas abertas, teria atravessado ambas, comportando-se como uma onda.

Um comportamento ainda mais estranho ocorreu quando os experimentadores decidiram inserir um detector atrás de uma das duas fendas, para entender se o fóton realmente atravessa as duas fendas ou apenas a monitorada. Aqui estão os resultados:

Mantendo ambas as fendas abertas, acontece que:

a- Não há detector: o fóton se comporta como uma onda e passa pelas duas fendas.

b - Existe um detector atrás de uma fenda: o fóton se comporta como uma partícula e atravessa APENAS a fenda em que o detector está presente.

Diz-se que na presença do instrumento a partícula "colapsa" em uma posição específica: perde a característica de onda indeterminada e assume a característica específica de uma partícula

Aquilo é:

Se não houver detector, o fóton pode estar em qualquer ponto da onda, ou seja, sua posição não é determinável, é probabilística. Pode estar em qualquer lugar da onda.

Se houver um detector, o fóton "colapsa" em uma posição específica, se comporta como uma partícula e atravessa a fenda monitorada.

Devemos pensar que o fóton é inteligente, mas acima de tudo sabe prever o futuro: de fato, quando é lançado, NÃO SABE se encontrará um detector e em que fenda o encontrará, mas já do iniciar assume a aparência de uma partícula ou onda para enfrentar a situação.

Tudo isso é desconcertante, mas outro aspecto é ainda mais desconcertante:

O experimentador pode decidir se coloca o detector atrás da fenda A ou atrás da B, e o fóton, EM OBEDIÊNCIA À ESCOLHA DO EXPERIENTE, torna-se uma partícula e atravessa a fenda por ele decidida.

Deste experimento deriva a certeza de que o observador determina o comportamento da matéria observada. Ou seja, o observador PODE determinar o comportamento da matéria.

A consciência entra em jogo.

Costuma-se dizer que nossas escolhas dependem da nossa vontade, ou da nossa consciência, ou do livre arbítrio, dependendo das diferentes abordagens culturais das quais não estou falando aqui.

De qualquer forma, estamos cientes das escolhas que fazemos, então aqui estamos falando de escolha de consciência. No referido experimento, a consciência do observador, com base em seus parâmetros pessoais, pode decidir qual comportamento uma determinada partícula deve assumir..

A consciência fará isso observando a partícula, o que no experimento ocorre arranjando um instrumento de observação. O instrumento é apenas um apêndice da consciência do observador, portanto pode ser ignorado considerando apenas a relação: consciência do observador - partícula.

Mas vamos admitir por um momento que DOIS observadores que chamamos de Maria e Gianni, ou seja, duas consciências distintas, observam o mesmo fóton. Quem terá determinado o colapso do fóton, a consciência de Maria ou a de Gianni?

Este paradoxo é chamado de "paradoxo do amigo de Wigner" em homenagem a Eugene Wigner, um cientista húngaro nascido em Budapeste em 17 de novembro de 1902.

Os três guias do caminho quântico. Alma, espírito, consciência.

"Os três guias do caminho quântico. Alma, espírito, consciência".

Na não-localidade, todos os fenômenos julgados impossíveis pela física clássica tornam-se possíveis, na verdade, até mesmo ordinários. Profecia e previsão do futuro são assuntos comuns porque não há dimensão de tempo. O livro da eternidade está aberto na mesma página.

Três dimensões (ou uma?)

Vivemos imersos em três dimensões distintas, mas indistinguíveis. A realidade física nos acorrenta, como acontece com os prisioneiros da caverna de Platão. A realidade quântica é uma luz que brilha fora da boca da caverna: ela nos deslumbra, não a entendemos, mas sabemos que ela existe. O Sol que gera a luz lá fora não é visível nem imaginável. Não temos olhos para ver, mas temos a certeza de que existe, caso contrário, de onde viria tanta luz?

O Sol é a realidade metafísica última. Embarcamos na jornada das profundezas da caverna até as fornalhas do Sol onde seremos forjados para a eternidade. Como na Divina Comédia de Dante, nossos guias não poderão cruzar as fronteiras entre uma realidade e outra. A alma, novo Virgílio, nos guiará até a saída da caverna. O espírito, a amável Beatrice, nos conduzirá à luz. A consciência, improvável São Bernardo, abrirá as portas da morada atemporal, o Sol, para nós.

Mas talvez as três características escondam uma entidade singular. Talvez o guia seja o mesmo, embora em formas diferentes. Suspeitamos que esta entidade irá assumir diferentes funcionalidades, até que, no final do percurso, desvenda o seu mistério. Nosso último guia se tornará uma parte do Sol em direção ao qual se fundirá novamente, nos arrastando também. Não seremos presas incautas, seremos como peregrinos que alcançaram a meta do refrigério eterno. Só então entenderemos que nosso guia único e multifacetado, o que estimamos ser "nossa" consciência, não era nosso. Eles eram os braços do próprio Sol, estendendo-se para nós desde a eternidade.

Viagem à física materialista (mundo macroscópico)

O mundo da matéria, por convenção, é representado e compreendido nas leis da chamada física newtoniana. Ao mesmo tempo, pela concepção antiga, ele é representado pela dualidade metafísica corpo-alma.

A física newtoniana se expressa na matéria, a alma se expressa além da fisicalidade da matéria: está intimamente ligada à nossa compreensão física do mundo e é a extensão que nos permite expressar nossas habilidades. Essas habilidades são os "poderes" ligados aos cinco sentidos e a todos os atos corporais. Mesmo o sexto sentido, a intuição, é um poder da alma porque se expressa através das experiências adquiridas na vida social: a intuição, por exemplo, nos ajuda a fazer as melhores escolhas cada vez que situações particulares se repetem: a intuição nos ajuda a sobreviver, em qualquer caso, com o menor dano possível.

Para maior clareza, vamos fazer uma pequena lista das características essenciais da física clássica. (Também é chamada de "física newtoniana", pois o principal "corpus" de suas leis foi elaborado por Isaac Newton).

LOCALISMO. O universo é feito de "coisas", ou seja, objetos materiais. Cada "coisa" pode ser colocada em dimensões espaciais exatamente mensuráveis (altura, comprimento, largura, peso, distância, etc.) e em dimensões temporais igualmente mensuráveis (antes, depois, velocidade, início, fim).

A SETA DO TEMPO. A dimensão temporal está ligada à chamada "seta do tempo". O tempo sempre avança, do passado para o futuro, e é possível colocar cada "coisa" em um ponto exato ao longo de uma escala cronológica. A lei da progressão do tempo é chamada de "entropia" e pode ser representada pelo exemplo clássico de pasta de dente que não pode ser colocada de volta no tubo. Tudo, ao longo da flecha do tempo, caminha para a desordem e a decadência.

A VELOCIDADE DA LUZ. Conceito introduzido por Einstein. Nada pode se mover mais rápido do que a velocidade da luz. (cerca de 300.000 km por segundo).

DETERMINISMO OU CAUSALIDADE. O universo é um mecanismo originalmente posto em movimento (não sabemos como) onde cada evento determina uma causa. Se o movimento perpétuo não fosse impossível, poderíamos dizer que o universo é um grande movimento perpétuo. Cada evento consiste no deslocamento de uma "coisa" ou matéria. Esse deslocamento causa uma transferência de energia do objeto em movimento para os objetos com os quais colide, na pior das hipóteses, o ar.

Vamos imaginar uma mesa de sinuca. Uma causa determina o deslocamento de uma bola. A velocidade, direção e força da bola dependem do impulso recebido. O impulso transfere uma quantidade de energia para a bola: a bola consome essa energia movendo-se. Se bater em outra bola, esta por sua vez é carregada de energia e a transfere para outra. Todo o universo, das galáxias aos átomos, é composto de "bolas" que se movem impactando ou atraindo e repelindo umas às outras graças a forças como a gravidade.

Portanto, de acordo com o determinismo, o funcionamento do universo é absolutamente previsível e calculável, e de fato o fazemos. Quando enviamos um satélite ao espaço sabemos exatamente qual será sua trajetória e onde estará em x anos, dias, horas e minutos. Este grande mecanismo funciona perfeitamente sem a necessidade de Deus, como disse o astrônomo Laplace a Napoleão.

Nesse contexto, nosso Virgílio, a alma, é bastante previsível porque pode se mover com confiança. Um bom psicanalista pode pelo menos ler a superfície de nossa alma, porque pode nos situar em um contexto de vida bastante preciso. Às vezes, nossas escolhas de vida "devem" ser exatamente o que fazemos. Um pouco como sabemos o que nosso cachorro fará quando jogarmos um galho ou um biscoito.

Viagem à física quântica (mundo subatômico)

As descobertas do século passado, apoiadas em experimentos que as tornam indubitáveis, nos introduzem na realidade do extremamente pequeno, que produz o colapso de um castelo infinito de certezas. A física quântica se aplica a realidades menores que o tamanho de um átomo. Assim, prótons, nêutrons e elétrons, mas também um imenso zoológico de partículas com os nomes mais estranhos, que continuam a ser descobertos.

INDETERMINAÇÃO. A física newtoniana argumenta que o universo é composto de "coisas", a física quântica refuta esse conceito. Objetos quânticos não são "coisas" muito pequenas, do tipo de bolas minúsculas que giram em torno de bolas um pouco maiores, como geralmente são representadas. De fato, objetos quânticos podem ser "bolas" (partículas) ou ondas. Geralmente são ondas. Uma onda é uma "faixa de posições" dispersa no espaço.A partícula, ou bola, pode estar em qualquer uma das posições possíveis na onda probabilística. Digamos que o "ponto" tem muitas probabilidades de estar em uma posição, mas ao mesmo tempo tem muitas outras probabilidades de estar em uma posição diferente.

Quando não o observamos, o ponto não está em nenhuma posição, mas simultaneamente em todas as posições possíveis. Você acertou: a bola pode estar "simultaneamente" em um número muito grande de posições. Se você gosta, pode dizer que tem o dom da onipresença. No entanto, se você decidir forçar a situação e observar a função de onda com um instrumento adequado, todos os pontos se tornam um e são fixados na posição que você está observando. Mas se você desviar o olhar por um momento e refazer a medição, não encontrará mais a partícula onde ela desmoronou da primeira vez, mas em uma posição diferente.

Isso significa que enquanto você pensava que tinha feito a partícula "colapsar" no ponto de observação, ela continuou se movendo na onda de probabilidade.

Portanto, um mito precisa ser desfeito: o átomo não é um pequeno sistema solar, mas um emaranhado feito de um vibrante "nada". A partícula é muito oportunista: pode aparecer como "matéria" em certas situações, mas normalmente parece mais uma "acumulação de energia".

LOCALISMO A incerteza (princípio de Heisenberg) desmantela completamente as certezas do localismo. Não é mais possível calcular todos os valores de um objeto de forma exata e simultânea, então não há mais certeza em seu comportamento.

O EXPERIMENTO ALAIN ASPECT. Na década de 1980, um cientista francês, Alain Aspect, demonstrou a existência de um fenômeno absolutamente incrível, o emaranhamento quântico. De fato, o experimento demonstra o entrelaçamento que é criado entre duas partículas sob certas condições. As primeiras versões do experimento isolaram dois fótons de luz, obtendo-os do salto quântico duplo de um elétron. Sendo gerados pelo mesmo evento, os dois fótons eram complementares, segundo uma característica chamada spin. De uma forma bem grosseira, só para nos entender, digamos que um vire para a direita, o outro vire para a esquerda.

Ao mover os dois fótons a qualquer distância, acontece que se um dos dois inverte a rotação, o outro o faz ao mesmo tempo. Atenção, dissemos "simultaneamente", não um como consequência do outro. Ou seja, se aqui, em um laboratório, um experimentador inverte a rotação do primeiro fóton, ao mesmo tempo o outro fóton, mesmo na borda da galáxia, inverte sua rotação.

Isso contradiz e quebra várias leis da física clássica.

DETERMINISMO OU CAUSALIDADE. O segundo fóton não inverte sua rotação DEPOIS que o primeiro a inverteu, mas exatamente ao mesmo tempo. Não se trata de ação e reação, mas de um evento absolutamente sincrônico. Este evento declara que o determinismo, ou causalidade, não é aplicável a todo o universo.

A SETA DO TEMPO. Sabemos que na física clássica todas as forças enfraquecem com a distância. Por exemplo, a força da gravidade, que é poderosa o suficiente para manter a Lua ao redor da Terra, mas quase totalmente ineficiente em relação aos satélites de um possível planeta de outra galáxia. No entanto, qualquer que seja a distância do segundo fóton, o "sinal" da inversão iminente do primeiro o envolve sem nenhum enfraquecimento. Além disso, essa "informação", sendo contemporânea, certamente viaja mais rápido que a luz. Os dois eventos não são colocados em dois pontos distintos ao longo da seta do tempo, pois são simultâneos.

LOCALISMO. Como a informação é transferida entre os dois fótons de forma contemporânea? Como os fótons estão separados no espaço, as informações devem exceder esse espaço para se conectarem. Que tipo de espaço é? Certamente não é um espaço físico, caso contrário as leis da física impediriam a instantaneidade. A ciência oficial, com muita dor, teve que admitir a existência de um espaço não físico. Este espaço é chamado de "não-localidade". Mas se não é um espaço físico, o que poderia ser senão um espaço psíquico? De fato, apenas um espaço psíquico não está sujeito às leis da física clássica.

Aqui, Beatrice nos guiou para a realidade quântica: maliciosamente, um pouco se mostrando e um pouco se escondendo, ela nos seduziu a segui-la neste mistério do qual só entendemos que muitas coisas são incompreensíveis. No limiar da não-localidade, Beatrice nos entregou ao guia mais alto, o da dimensão não-local. Até o nosso espírito, que também está acostumado a viajar na realidade inescrutável, pára aqui. De fato, os poderes do espírito são a inteligência e a vontade, mas não são suficientes para investigar o que não pode ser investigado.

Viagem à não-localidade (mundo metafísico)

Não há muito o que dizer sobre essa realidade. É uma realidade que não podemos compreender nem com a alma nem com o espírito.

Não há tempo nem espaço aqui, não há antes e depois: tudo é "agora", mas ao mesmo tempo é "sempre" e "nunca".

Eles não existem aqui e ali, altos e baixos: tudo está "presente" e ao mesmo tempo "ausente".

Na não-localidade, todos os fenômenos julgados impossíveis pela física clássica tornam-se possíveis, de fato, ordinários. Profecia e previsão do futuro são assuntos comuns porque não há tempo. O livro da eternidade está aberto na mesma página.

Na não-localidade, a telepatia, as premonições e todos os fenômenos normalmente chamados paranormais tornam-se normais, na verdade, comuns.

Se o ser humano compreendesse os mistérios da não-localidade, provavelmente estaria próximo da divindade. Alguém promete:

> “Agora vemos como num espelho, de maneira confusa; mas depois veremos face a face. Agora conheço imperfeitamente, mas então conhecerei perfeitamente, como também sou conhecido” (Bíblia, 1 Cor).

Precisamos de um guia superior, o guia supremo, o que chamamos de consciência. A consciência é algo cujo nome conhecemos, mas não sabemos sua função exata, na verdade, nem sabemos sua função aproximada.

Talvez a consciência, como mencionado, seja algo totalmente externo a nós. Talvez a consciência nem seja "nossa". Talvez a consciência seja apenas o raio dirigido a nós de uma imensa roda completamente "diferente" de nós, um "conhecimento global" do qual seria loucura apropriar-se.

A consciência como base do ser.

"A consciência como base do ser. O problema do observador".

Qual observador determina a realidade?

Na visão da física clássica, o universo é composto de objetos materiais.

Em vez disso, na visão quântica, a matéria não é mais considerada um "objeto sólido", qualquer que seja a "coisa" que seja.

A física quântica calcula quais são os possíveis eventos que afetarão uma partícula, por exemplo, um elétron. Por evento queremos dizer sua posição, sua velocidade, etc. Ele também pode calcular quais são as chances de um evento acontecer, mas aqui ele tem que parar. Ele não pode prever com certeza como o evento se tornará efetivo. Como ilustrei em muitos posts anteriores, o evento segue necessariamente uma observação. No entanto, a cada nova observação o evento será diferente. Portanto, na física quântica não há certeza, apenas probabilidade.

Como se sabe, a observação (medição) cria o "colapso" da função de onda que representa a partícula. Após o colapso, o elétron deixa de ser uma onda vibrante, onde todas as posições são prováveis e existem simultaneamente, graças ao princípio da superposição. A observação condensa todas as posições possíveis em uma, e o elétron "colapsa" na forma de uma partícula naquela posição. Lembre-se que a intervenção de um observador era necessária, caso contrário o colapso não teria ocorrido e o elétron não existiria como partícula, mas apenas como probabilidade.

(Aliás, estas não são especulações filosóficas, mas realidades cientificamente determinadas)

Lembro-me também que o universo é feito de partículas. Todas as partículas precisam ser observadas para existirem como matéria, portanto, todo o universo precisa de um observador.

Esta realidade é típica do nível subatômico. Portanto, a hipótese de que:

"Então, quando você não observa (olhe) a Lua não existe?"

tão apregoada pelos denegridores da física quântica, é simplista e inadequada, porque move uma realidade relativa ao infinitamente pequeno do nível subatômico para o nível macroscópico.

Da mesma forma, poderia ser contestada a relatividade, segundo a qual quem viaja mais rápido envelhece menos, propondo o exemplo de um homem a pé e outro de bicicleta. A pergunta seria:

Como é o de bicicleta mais jovem no final do curso?

Claro, a velocidade a ser usada é a da luz, não a de uma bicicleta. Einstein dava as costas e ia embora colocando as mãos nos cabelos.

Quem é o observador?

Uma vez estabelecido sem dúvida que é a observação que cria o colapso quântico, surge a questão: no laboratório, o observador é, sem dúvida, o cientista que realiza o experimento. Mas na natureza, no mundo, na intimidade do funcionamento das coisas, quem é o observador? Quem é capaz de colapsar a função de onda de uma partícula para que um vago conjunto de probabilidades possa se tornar um evento real e mensurável, ou seja, uma partícula localizada no tempo e espaço atuais?

A resposta é simples e baseada em um fato. O agente que transforma a possibilidade em realidade é a consciência. É inegável que toda vez que observamos um objeto vemos sua única disposição atual: maçã, cadeira, folha de papel. Certamente não vemos todo o espectro de probabilidades existentes em sua função de onda.

Segue-se que a observação consciente é suficiente para determinar o colapso da função de onda probabilística na realidade percebida pelos sentidos.

A confirmação de um famoso cientista.

John Von Neumann é considerado um dos maiores matemáticos da história moderna e uma das personalidades científicas mais proeminentes do século XX. Ele é responsável por contribuições fundamentais em vários campos do conhecimento, como teoria dos conjuntos, análise funcional, física quântica, economia, ciência da computação, teoria dos jogos e muitas outras áreas da matemática.

Agora, como se sabe, enquanto o conceito de colapso da função de onda foi introduzido por Werner Heisenberg como parte de seu "princípio da incerteza", a formulação matemática do colapso se deve a John von Neumann. (ver Paffuti Giampiero, Notas sobre o nascimento da mecânica quântica, Pisa University Press, 2013).

Von Neumann argumentou décadas atrás que a consciência é uma "condição necessária" para o colapso quântico.

Seu raciocínio é elementar. Toda a matéria está sujeita às regras da física quântica. É verdade que podemos criar um colapso quântico em laboratório, mas quando o fazemos, o instrumento usado para a medição torna-se parte de uma onda de probabilidade maior, que inclui o objeto medido e o instrumento de medição. Portanto, para gerar o colapso, é necessário um observador absolutamente externo ao sistema. Para Von Neuman, esse observador externo só pode ser "consciência", pois somente a consciência é verdadeiramente externa. Na verdade, todo o universo material é um único grande sistema.

As disputas inevitáveis.

É claro que, apesar da evidência e credibilidade do personagem, a ciência materialista imediatamente levantou suas objeções. No mundo ocidental, a partir do Iluminismo, o significado da consciência sempre foi reduzido e mortificado. De acordo com os materialistas, não é possível que a consciência colapse a realidade, pois a consciência não é de forma alguma externa ao sistema. Segundo eles, a consciência nada mais é do que um epifenômeno do cérebro, ou seja, da matéria. Em essência, a consciência seria uma criação espúria da química cerebral, uma ilusão, de modo que nunca poderia ser "externa ao sistema".

No entanto, o pensamento dos mestres espirituais de todos os tempos e de todo o mundo tem uma visão de consciência absolutamente mais digna. A consciência é a base do ser, consiste em uma realidade transcendente e auto-referencial.

Uma nova visão.

A consciência considerada como base do ser desloca "o centro do universo" da visão materialista para uma visão espiritual. Quando a primazia pertence à consciência e não à matéria, a matéria retém sua capacidade de determinar a possibilidade e a probabilidade, mas, em última análise, é a consciência que cria a realidade. De fato, a consciência permeia a realidade com seu desenho criativo que a matéria nem sonha possuir.

Uma abordagem baseada no primado da consciência reconciliaria a ciência com todas as tradições espirituais, seria uma abordagem que incluísse as razões da matéria e as do espírito.

O Ego e o Eu Quântico.

"O mistério da consciência. O Ego e o Eu Quântico".

Os Upanishads (textos religiosos e filosóficos indianos) contêm uma metáfora que descreve nossa natureza humana dual. O texto refere-se a dois pássaros com o mesmo nome, sempre unidos no mesmo galho da mesma árvore. No entanto, enquanto um bica frutas doces e amargas, o outro olha em volta sem comer. O pássaro que come frutas doces e amargas representa o Ego. Ele se percebe como uma individualidade, uma parte separada em um mundo fragmentado, e sua força está nessa separação. O outro, por outro lado, é o Atman ou Espírito universal, o princípio da unidade que está dentro de nós, que o chamaremos de Eu quântico.

Nós, em nosso entendimento, nos identificamos distinguindo dois "momentos". Primeiro, sentimos mais afinidade com nossa parte mais íntima, o eu quântico. Em segundo lugar, identificamo-nos com o Ego, protagonista das escolhas limitadas e da nossa história pessoal.

Os poderes do Ego podem ser definidos como o Contínuo, o Determinado, o Linear, o Local, o Pessoal, a Lógica Clássica, o Raciocínio.

Os poderes do eu quântico podem ser definidos como Criatividade, o Descontínuo, o Sincrônico, o Holístico, o Não-local.

Essa natureza dual afeta profundamente a maneira como a espiritualidade se manifesta em nós e em nosso caminho de crescimento interior. Abraham Maslow e Roberto Assagioli, especialistas em psicologia experimental, desenvolveram o conceito de um "eu transpessoal" que existiria escondido sob o "ego comportamental".

O termo "transpessoal" foi usado pela primeira vez por Roberto Assagioli, o criador da psicossíntese, e mais tarde por Carl Jung, e indica aquela parte de nossa psique que se estende além de nossa personalidade individual.

Assim, a psicologia transpessoal consiste em uma abordagem que trata do estudo e da cultura da espiritualidade e das experiências espirituais em um contexto psicológico.

Nas profundezas de nossas escolhas e ações haveria uma parte de nós que não se origina em nós mesmos e da qual não possuímos.

Apesar disso, o Ego e o eu quântico não são uma realidade dualista, como dois pássaros separados poderiam ser. Os dois pássaros estão no mesmo galho: um completa o outro, uns comendo e outros contemplando o mundo. Na verdade, são dois aspectos da mesma consciência, ou seja, duas maneiras pelas quais a consciência permite que nos identifiquemos.

Na identificação de nossa consciência com o eu quântico, encontramos criatividade, liberdade de escolha, unidade e alegria, relacionamentos individuais e amor.

Em vez disso, na identificação de nossa consciência com o Ego, separação e ansiedade, gaiolas dogmáticas e compromissos forçados, dominam o egoísmo.

Duas identificações necessárias.

A necessidade das duas identificações torna-se evidente se considerarmos que o eu quântico não tem raízes "sólidas" para se apoiar, nem "braços" pelos quais dar corpo aos seus poderes. O eu quântico é desprovido de pontos fixos e precisa encontrá-los para se expressar.

Ele só pode encontrá-los no Ego. O Ego é essencial para manifestar a inspiração criativa, realizá-la e aperfeiçoá-la com raciocínio. Cada realização consolida o terreno para que cada inspiração criativa subsequente do Eu quântico possa ser transformada em progresso de "civilização", mesmo que muitas vezes o progresso não tenha conteúdo civil. Veja, por exemplo, o desenho de novas armas.

Nesse sentido, é possível considerar o Éden, o estágio primitivo da humanidade. Adão e Eva viveram felizes em total unidade de identificação entre o Ego e o Eu Quântico, mas não eram humanos o suficiente. Uma mordida na maçã colhida da árvore do conhecimento do bem e do mal foi a origem de tudo. O Eu quântico e o Ego foram capazes de "conhecer", tornaram-se conscientes de sua separação. Suas distintas funções acionam o mecanismo do caminho da civilização, feito de partes dolorosas e pão ganho com o suor do rosto.

Cada religião interpreta esse começo de maneira diferente.

O cristianismo vê "pecado original" na história do Éden. Deste ponto de vista, o caminho espiritual se dá pela lembrança dolorosa do estado primitivo de unidade em Deus, ou em uma consciência indivisa. Segue-se o arrependimento ativo e, finalmente, o retorno à perfeição no novo Paraíso. Por que

> "... quando Jesus voltar, seremos como ele, porque o veremos como ele realmente é." (Bíblia, 1 Jo 3)

Em vez disso, no hinduísmo, a natureza progressiva da separação é expressa no conceito das quatro "yugas", ou eras. O progresso da civilização e da tecnologia se desenrola entre o “datya yuga” e o “kali yuga”.

Separação em todos os lugares.

A civilização é um paradigma eficaz de separação, com diferenças evidentes entre os diferentes métodos de fruição do progresso, entre quem o produz e quem o desfruta.

Até a ciência e a religião estão mais separadas do que nunca pelos novos conceitos de "sagrado e profano", enquanto tudo deveria ser sagrado. Quando começamos uma jornada espiritual de "unidade", somos inicialmente tomados por um sentimento de medo. Temos medo de ter que abrir mão de alguma coisa, mas não sabemos bem o quê, pois nada falta na unidade.

No cristianismo, o mundo sensível em que vivemos é definido como o governo do Príncipe do mundo. O budismo também descreve o mundo como uma situação desconfortável, ou "dakka". Todas as tradições espirituais, como base, partem de um preconceito negativo em relação ao "mundo".

Deve-se considerar com maior força que a separação que carregamos dentro de nós, as diferentes funções do Ego e do Self quântico, são funcionais à experiência e são indispensáveis no desenvolvimento de propósitos divinos, implícitos em nossa própria existência.

A ciência moderna agrava o problema ao perseguir o objetivo de uma separação "meritocrática" e, portanto, baseada na individualidade, a mais terrível das separações. O materialismo egoísta faz sentido nessa visão. É claro que a ciência materialista esquece que a criatividade não é um produto da inteligência, mas uma prerrogativa exclusiva do eu quântico.

Também de acordo com os defensores do materialismo, qualquer coisa que não tenha massa é um subproduto indesejado da matéria física.

Consciência, pensamento, sentimentos, amor ou piedade são manifestações acessórias, "espúrias" da matéria, e sua presença ou ausência não afeta a explicação dos fenômenos reais. Os fenômenos só podem existir se estiverem fisicamente relacionados à própria matéria. A espiritualidade e todo o processamento mental são produtos residuais dos processos químicos que ocorrem na matéria cerebral. A verdadeira deusa do universo é a matemática.

A incompletude de Gõdel.

Tanta segurança científica é imediatamente questionada pela própria ciência. Kurt Friedrich Gödel foi um matemático, lógico e filósofo americano naturalizado austríaco, mais conhecido por seus trabalhos sobre a incompletude das teorias matemáticas.

O teorema que leva seu nome diz basicamente uma coisa. Qualquer sistema algorítmico usado para testar um princípio matemático é incompleto ou contraditório, pois inexoravelmente conterá uma parte que não pode ser comprovada.

Isso ocorre quando o algoritmo é suficientemente elaborado.

As leis físicas também são matemáticas. Portanto, eles são baseados em algoritmos matemáticos que inevitavelmente contêm uma parte que não pode ser demonstrada logicamente, o que, no entanto, funciona.

Isso significa que quando um matemático cria um algoritmo, em algum momento ele precisa sair do sistema lógico para capturar uma verdade matemática que transcende a lógica e a prova.

Essa verdade já existe, mas não pode ficar "presa" na fórmula. A realidade é percebida e usada instintivamente sem poder torná-la "sistemática".

Portanto, se as leis da física orientam o comportamento da matéria, deve-se reconhecer que elas contêm elementos existentes a priori, que transcendem o mundo material.

Essa ideia é chamada de "platonismo matemático", pois Platão já havia intuído que o comportamento do mundo material está sujeito a símbolos matemáticos que não pertencem ao procedimento lógico, mas ao mundo arquetípico.

Integração entre ciência e espiritualidade.

Isso só pode acontecer no contexto do entendimento de que a ciência e a espiritualidade sozinhas não são eficazes. Nenhuma delas é completa, pois nenhuma delas, sozinha, permite o desenvolvimento da criatividade.

A criatividade consiste em quatro fases principais:

- preparação (investigando necessidades e "armazenando" o que já se sabe);
- incubação (processamento inconsciente de todas as possibilidades ou probabilidades);
- intuição (uma experiência descontínua, o "eureka" de Arquimedes, o "colapso" quântico)
- o evento (hoje diríamos a industrialização de um produto).

A primeira e a última fase são processos baseados essencialmente no Ego. Por outro lado, a segunda e a terceira fases só podem surgir do Eu quântico.

A incubação, como processamento inconsciente de uma necessidade, produz uma onda feita de infinitas sobreposições de probabilidades, ou seja, de soluções possíveis.

A intuição criativa é o olho do observador que identifica a mais adequada de todas as probabilidades e faz cair sobre ela o colapso quântico: esta é a única possibilidade sobrevivente, ela adquire "corpo" e permite passar para a próxima fase.

A criatividade, portanto, é o encontro frutífero entre o Ego e o Self quântico. Este encontro pode ser representado plasticamente com a imagem dos dedos de Deus e Adão estendendo-se entre eles no afresco de Michelangelo na Capela Sistina.

O desenvolvimento da criatividade, portanto, é a realização do objetivo final da condição humana, a perfeita reunificação do Ego e do Self em um “novo Éden”, ou seja, o retorno de nossa consciência individual à “consciência cósmica”. . Finalmente, depois de muita conversa, podemos sair das dissertações técnicas admitindo que, afinal, "Ego" e "Self Quântico", neste contexto, podem ser equiparados aos conceitos mais familiares de alma e espírito.

O arcanjo Rafael e os peixes.

"Quando uma estranha coincidência se torna sincronicidade. A pequena estátua voadora".

Jung teve o mérito de ser o primeiro a estudar, cientificamente, o fenômeno das estranhas coincidências das quais ninguém pode negar a existência, fornecendo também ferramentas adequadas para entender quando uma coincidência pode ser considerada significativa, ou "numinosa", tornando-se assim uma sincronicidade . Claro que é necessário distinguir entre coincidências aleatórias e coincidências sincronísticas. Podemos estabelecer que algumas coincidências fazem parte da vida cotidiana e derivam da sobreposição e entrelaçamento de nossas atividades com as do mundo ao nosso redor: sua característica é que as tomamos como certas e não nos envolvem ou nos interessam tanto.

Estes, por outro lado, abrem uma enorme janela para a paisagem do mistério e nos apresentam mundos que nem sequer suspeitaríamos que existissem. Por trás de cada sincronicidade existem universos desconhecidos inteiros para explorar e imensa sabedoria para ser acessada. Infelizmente, não temos olhos adequados para decifrar esses panoramas nem conhecemos a linguagem pela qual as sincronicidades tentam se comunicar conosco. Existem problemas de harmonia entre nossa mente e a mente que prepara sincronicidades para nós.

Uma pequena estátua voando pela janela.

Remígia, a velha atendente da igreja dos Santos Arcanjos, observou mais uma vez a menina que, como muitas vezes acontecia, ajoelhava-se no último banco depois de entrar, durante as horas em que não havia funções. Remígia viu a menina sempre muito recolhida na oração, mas também notou a expressão triste da jovem. Naquele dia, porém, ela pensou ter visto também uma lágrima brilhar, então, movida por sua bondade natural, mas também por uma certa curiosidade, esperou que a jovem se levantasse e, ao sair, aproximou-se tentando iniciar um discurso, para descobrir o motivo de seu desconforto. Ele conseguiu. Por meio de uma troca cordial de pensamentos e opiniões, ele reuniu suas confidências: a moça, que se chamava Sabina, já avançada em anos, desejaria muito encontrar um namorado e constituir uma família, mas não conseguiu realizar esse sonho. Remigia a consolou e lhe deu os melhores conselhos que pôde. De repente, Remígia lembrou-se de que, entre suas funções de atendente, havia também a de lidar com a venda de souvenirs. Portanto, Remigia achou melhor se livrar finalmente de uma pequena estátua de San Raffaele, um dos três Arcanjos, que estava parada atrás do vidro por vários anos.

"Veja Sabina - disse ele, conduzindo-a ao gabinete - sugiro que reze todos os dias a São Rafael, que é precisamente o protetor dos noivos e do amor conjugal. De fato, como você pode ver nesta estatueta, que é uma cópia de um original de prata preservado em Nápoles, o Arcanjo é representado com um jovem e um peixe ao seu lado. O nome do jovem era Tobias, e ele partiu em uma jornada para se casar com uma jovem chamada Sara. Infelizmente, Sarah estava possuída pelo demônio Asmodeus: toda vez que ela se casava, seu marido morria na noite de núpcias, e isso já havia acontecido sete vezes.

Nosso jovem, porém, não sabia que seria o oitavo.

Durante a viagem, Tobias foi acompanhado pelo arcanjo Rafael. Durante uma parada na viagem, Tobias chegou muito perto das margens de um rio e foi atacado por um grande peixe. Raffaele o ajudou a matá-lo e lhe disse para extrair seu fígado e mantê-lo porque isso lhe traria sorte.

Tobias chegou ao seu destino e se preparou para celebrar o casamento, enquanto seu sogro já preparava o túmulo para ele também. Mas desta vez o poço foi desnecessário. Com a proteção de Rafael, o casal passou a primeira noite em oração e queimou lentamente o fígado do peixe para obter uma fumaça benéfica. Assim os esposos derrotaram o diabo, Sara ficou livre e viveram felizes por muito tempo.

Minha querida Sabina, você também pode contar com Raffaele. Coloque esta estatueta em casa e faça a oração que eu lhe faço todos os dias. Você verá que o Arcanjo logo virá em seu auxílio.

Basta pensar, Sabina, que ainda hoje, em Nápoles, muitas meninas vão visitar a estátua do Arcanjo para conseguir o que você quer "

Sabina concordou, comprou a estatueta, colocou-a em um armário da casa e recitou sua oração todos os dias. Uma semana, um mês, três meses...

Até que, no quarto mês, num momento de desespero particular, pegou a estatueta, olhou-a com desprezo murmurando "Que São Rafael! Ele também não me ajuda!"

Dizendo isso, ele jogou a pequena estátua pela janela.

Depois de alguns minutos, ele ouviu a campainha tocar. Abriu-a e deparou-se com um distinto senhor que, com certo embaraço, disse:

"Com licença, eu vi esta estatueta cair de uma janela, acho que veio deste apartamento, então pensei em trazê-la de volta."

Sabina, atônita, o fez sentar, ofereceu um café, conversaram sobre isso e aquilo e souberam que esse gentil senhor se chamava Giulio, e era celibatário. Eles decidiram se encontrar novamente, depois namoraram várias vezes e finalmente se casaram.

No caso de Sabina, onde começa a coincidência, ou melhor, a série de coincidências? A coincidência começa quando a menina decide ir todos os dias à igreja dos Santos Arcanjos, ou quando Remígia, intrigada, recolhe as confidências de Sabina? A coincidência começa quando uma estatueta permanece sem vender por anos, ou quando Giulio passa sob a janela de Sabina no momento em que ela joga a estatueta fora?

São muitos fatos, não ligados entre si e bastante diluídos ao longo do tempo, mas se os considerarmos todos juntos eles ganham um "sentido", ou seja, tornam-se "significativos": no seu conjunto constroem uma sincronicidade.

"Significante" significa: "que implica", "expressa um sentido", "que constitui o signo", "a indicação de algo", "eloquente", "notável", "relevante".

"Numinoso" indica um evento cercado por uma aura de sacralidade, que desperta medo e reverência ao mesmo tempo.

No nosso caso, obviamente, a sacralidade não deriva da circunstância de estarmos a falar da estátua de um santo, mas tem um significado mais amplo, ou seja, conota o facto como digno de particular reverência e capaz de induzir medo espiritual.

Essa história é retirada da Bíblia justamente do Livro de Tobias, composto por 14 capítulos que narram a história do judeu Tobi, ambientada no século VIII-VII. Deportado pelos assírios, Tobi fica cego. Seu filho Tobias parte em uma jornada, acompanhado pelo Arcanjo Rafael, que o ajuda a se casar feliz com Sara, libertando-a do demônio Asmodeus.

O Arcanjo Rafael é considerado o protetor dos jovens, do amor conjugal, dos noivos, dos viajantes, dos refugiados e dos farmacêuticos. Seus símbolos são o peixe e o frasco farmacêutico.

Em Nápoles, continua viva a tradição, para os jovens solteiros, de ir, no Dia dos Namorados, ao Museu do Tesouro de San Gennaro para tocar a estátua milagrosa de San Raffaele. Não custa nada tentar!

Na tradição bíblica Rafael significa "remédio de Deus" ou "Deus cura" e se opõe ao significado do nome do demônio Asmodeus "aquele que mata".

Arquétipos como conceitos primordiais.

"Arquétipos como conceitos primordiais. Sincronicidade como "o quarto elemento desconfortável".

A palavra "arquétipo" vem do grego antigo e pode ter o significado de original, modelo, marca. Segundo alguns, também pode significar "partida", começo. Foi usado pela primeira vez por Filo de Alexandria, que viveu em Alexandria no Egito e foi contemporâneo de Jesus. Mais tarde, o termo foi retomado por outros filósofos gregos como como Dionísio de Halicarnasso e Luciano de Samósata.

O desenvolvimento do tema dos arquétipos pode ser inserido, porém, na tradição platônica, onde aparecem como "idéias", ou seja, "modelos originais de coisas sensíveis". Alguns neoplatônicos, como Plotino, os consideravam ideias pré-existentes na mente divina e modelos de coisas criadas.

Dentro dessa tradição, Jung considera os arquétipos como "imagens primordiais" que constituem o inconsciente coletivo, ou mesmo formas primitivas nas quais se baseiam os mitos e as religiões.

Na psicologia analítica os arquétipos adquirem um valor ético e afetivo para o sujeito e o condicionam mais ou menos conscientemente ao longo de sua existência.

De fato, os arquétipos, tal como concebidos por Jung, foram comparados por muitos autores a estruturas míticas e contos populares com os quais nos permitiriam vislumbrar notáveis semelhanças de significado. Reciprocamente, há razões fundamentais no mito e nas religiões que são consideradas arquétipos. Em seu livro "Tipos Psicológicos", Jung afirma: "Os principais motivos mitológicos de todas as épocas e de todas as raças são provavelmente de tipo arquetípico".

O quarto excluído: sincronicidade.

Jung era um conferencista habilidoso, conseguindo de qualquer forma interessar o público mesmo quando não era formado por pessoas introduzidas no meio científico. Ao contrário da prosa freudiana, sem adornos e comedida, Jung sabe expressar sua personalidade rica e culta mesmo nas obras mais técnicas ou sistemáticas. Neste artigo me refiro principalmente a três de seus ensaios, apresentados na forma de palestras. O primeiro, "Os arquétipos do inconsciente coletivo", foi escrito em 1934 e revisado em 1954. O segundo, "O conceito do inconsciente coletivo", foi escrito em 1936.

A terceira obra, "A sincronicidade como princípio das conexões acasuais", publicada em 1952, é quase um compêndio das duas mencionadas e é aquela em que expressa plenamente sua teoria sobre a sincronicidade.

Jung estava muito relutante em publicar este ensaio, e somente em 1952 seu amigo e correspondente Wolfgang Pauli o persuadiu a fazê-lo.

Os dois colaboraram por mais de vinte anos por meio de uma intensa troca de ideias, justamente sobre essas questões.

De fato, apesar de ser um dos fundadores da física quântica, capaz de ganhar um Prêmio Nobel em 1945, Pauli compartilhava muito das ideias de Jung e gostaria que o ambiente científico fosse capaz de superar a desconfiança, o ceticismo e o escárnio ao considerar a possibilidade de um caminho paralelo e de uma linguagem comum entre ciência e psique, que permitiria maior compreensão.

O confronto intelectual entre Jung e Pauli gerou uma pesquisa conhecida como "o quarto excluído". De fato, o objeto de seus estudos tendia a resolver muitas das dúvidas levantadas pela física quântica quanto à completude do modelo da tríade da física clássica: tempo, espaço, causalidade; Jung e Pauli imaginaram um "quarto elemento excluído" que recebeu o nome de "sincronicidade".

Pauli ficou fascinado com a possibilidade de acrescentar o quarto elemento à tríade. Jung, por sua vez, ficou fascinado com os primeiros estudos de partículas subatômicas que começaram a revelar propriedades incríveis, como as de se transformar em ondas, ou desaparecer e aparecer em outros pontos remotos, ou comunicar-se a distâncias imensas por meio de misteriosas conexões não físicas. Jung via a física quântica nascente, e até mesmo a teoria da relatividade de Einstein, como possíveis confirmações científicas de seus conceitos psicológicos de sincronicidade e paranormalidade.

Pauli possuía uma intuição profunda (que, segundo ele, derivava muito de seus sonhos) e uma capacidade excepcional de pensar.

Infelizmente, Jung, como todos os gênios, sempre se deparou com a incompreensão de suas ideias mais originais e com a frieza de seus colegas e de seu ambiente de trabalho. Seu arrependimento, e talvez seu sofrimento por não poder, desde muito jovem, envolver até as pessoas mais próximas em suas intuições, fica evidente nas páginas de "Memórias, sonhos, reflexões". Este é um diário, escrito por Aniela Jaffè, que contém muitas das confissões de Jung. Portanto, em seu amadurecimento, Jung tomou instintivamente uma atitude relutante em tornar públicas suas teorias mais ousadas.

Foi Pauli quem superou sua reticência convencendo-o a publicar um livro juntos, no qual apareceram dois ensaios; uma do próprio Pauli intitulada "A influência dos arquétipos nas teorias científicas de Kepler" e a segunda, assinada por Jung, "A sincronicidade como princípio das conexões acasuais".

Arquétipos como "imagens primordiais".

O livro publicado com Pauli representou a síntese de décadas de trabalho. A primeira vez que Jung usou o termo arquétipo remonta a 1919, por ocasião de um simpósio realizado em Londres.

> "No inconsciente também encontramos características que não foram adquiridas individualmente, mas herdadas, ou seja, instintos entendidos como impulsos para atividades que vêm, sem motivação consciente, de um constrangimento interior. A estes se somam as formas existentes a priori, ou seja, congênitas, de intuição, ou seja, os arquétipos de percepção e compreensão, (...) Os instintos e arquétipos de intuição formam o inconsciente coletivo"

Jung logo desenvolveu a convicção de que os arquétipos eram ideias externas à consciência individual, que sempre existiram e estavam intimamente ligadas aos mitos primordiais. O acontecimento que o levou a abraçar de forma convincente a tese da relação com os mitos é narrado por ele mesmo no ensaio "O conceito de inconsciente coletivo" de 1936.

> "Por volta de 1906 me deparei com uma ilusão delirante muito estranha, em um esquizofrênico paranoico que estava internado em um asilo por muitos anos. O paciente

sofria desde jovem e era incurável. Ele havia estudado em uma escola estadual e foi contratado em um escritório como escriturário. ele não tinha nenhuma inclinação especial para mitologia ou arqueologia, e eu mesmo não sabia nada sobre isso na época. Um dia encontrei o paciente na janela, balançando a cabeça e piscando para o sol. Ele me disse para fazer a mesma coisa, porque assim eu poderia ver algo muito interessante. Quando lhe perguntei o que via, ele ficou surpreso por eu não conseguir ver nada e disse: "Certamente você vê o pênis do sol... É claro que eu não entendia essa ideia estranha, mas tomei nota dela.

Cerca de quatro anos depois, então, no curso de meus estudos mitológicos, encontrei um livro do falecido Albrecht Dieterich, o conhecido filólogo, que esclareceu essa fantasia. A obra, publicada em 1910, trata de um papiro grego da Biblioteca Nacional de Paris. Dieterich acreditava ter descoberto um ritual mithriaco em uma parte do texto. O texto é, sem dúvida, uma prescrição religiosa sobre a implementação de certos feitiços nos quais Mitra é nomeado. (...) No texto lemos as seguintes indicações:

"Inspire a partir dos raios, respire três vezes o máximo que puder e você se sentirá levantando e caminhando para cima e sentirá que está no meio da região do ar ... O caminho dos deuses visíveis aparecerá para você através do disco do sol, que é Deus meu pai. Assim também é o chamado tubo, a origem do vento útil. Porque você verá algo como um tubo pendurado no disco do sol. E isso para as regiões ocidentais, tão infinito quanto o vento que sopra do leste. Se então, para

> *ser direcionado para as regiões orientais, é o outro vento, então você verá a inversão da visão para essas regiões "*

(...) Ora, é absolutamente impossível que o paciente tivesse conhecimento de um papiro grego publicado quatro anos depois".

Jung considerou este episódio como a primeira evidência de uma estreita relação entre os arquétipos que se materializam na mente humana e os símbolos das mitologias antigas.

Jung e a dimensão psicóide.

"Jung e a dimensão psicóide, onde tudo está conectado com tudo".

Descrevi anteriormente o caso, citado por Jung, de uma mãe que depois de muitos anos encontrou o rolo da câmera em que a imagem de seu filho estava impressa de um traficante de lixo. São inúmeros os casos em que a afeição psíquica de uma pessoa por um objeto foi capaz de estabelecer um vínculo que foi além do tempo e do espaço. É como se a pessoa e o objeto tivessem mantido, mesmo na separação, um vínculo psíquico que levou à sua reunificação.

Nós mesmos vivenciamos essas situações diariamente. Acontece quando perdemos um pequeno objeto que, apesar de repetidas buscas, não conseguimos mais encontrar. O comentário mais clássico é "Paciência, mais cedo ou mais tarde vai sair". É verdade: mais cedo ou mais tarde sai. Depois de dias, ou às vezes meses, o objeto reaparece exatamente onde há muito o procurávamos, e nos perguntamos como é possível que ele sempre tenha estado lá sem que o víssemos. Ou, o objeto emerge do fundo de uma gaveta onde estamos convencidos de que nunca o colocamos.

Há casos bem conhecidos relacionados à descoberta de livros pelos proprietários. Muitas vezes os livros são objetos particularmente amados, porque lembram momentos mais ou menos felizes da vida passada.

Anna Parish foi uma escritora de livros infantis, nascida em Colorado Springs nos EUA e viveu entre os séculos 19 e 20. Na época, ocupou os primeiros lugares nas paradas de vendas várias vezes. Seus sucessos mais conhecidos são "The Dream Coach", "Floating Island" e "The Story of Appleby Capple".

Provavelmente seu amor pelo gênero literário dedicado às crianças nasceu de suas leituras. Ela era apaixonada pelas aventuras de Jack Frost, estrela de uma longa e bem-sucedida série. Jack Frost é um dos Guardiões que juraram proteger as esperanças, desejos e sonhos das crianças por toda a vida. De certa forma, pode ser uma reminiscência das aventuras modernas de Harry Potter. Um livro tocou particularmente sua sensibilidade quando criança. Ele o havia lido e relido várias vezes até quase decorá-lo. Era "Jack Frost e outras histórias".

Então, como acontece na vida, uma série de eventos, incluindo duas guerras mundiais, separaram o dono do livro. Na década de 1950, o escritor veio de férias para a Europa e visitou Paris. Vagando por um mercado, ele notou um livro em um balcão que ele conhecia muito bem: "Jack Frost e outras histórias". A capa combinava com a que ela amara quando criança. Instintivamente ela pegou o livro do balcão e mostrou ao marido, explicando que tinha sido o livro favorito de sua infância e adolescência.

Seu marido começou a folheá-lo distraidamente até que, na aba da capa, viu uma escrita a caneta com uma bela caligrafia: "Anne Parish, 209 N. Weber Street, Colorado Springs".

Esse era exatamente o livro original de Anne, perdido décadas antes nos Estados Unidos, agora ressurgindo em Paris bem nas mãos de seu antigo dono!

Certamente aquele livro sempre esteve nos pensamentos de Anne, mas talvez o livro também tenha retido o calor de suas mãos, o desejo de conhecimento em seus olhos e o cuidado com que foi tratado. Talvez o livro tivesse desejado, em uma dimensão superpsíquica, reunir-se com aqueles que o amavam.

É um conceito absurdo ou é um conceito possível?

Certamente é um absurdo na dimensão de nossa vida cotidiana, mas torna-se possível na dimensão feita por Jung, a dimensão psicóide.

Unidade de psique e matéria.

O conceito de "psicóide", muito caro a Jung, foi desenvolvido pela primeira vez por outro psiquiatra suíço, Eugen Bleuler.

Além de "psicóide", Bleuler cunhou vários termos ainda em uso na psicologia hoje, como "psicologia profunda" e "esquizofrenia". Colaborou por muito tempo com Freud antes de romper com ele, pois reconhecia elementos de dogmatismo em suas posições e não concordava com algumas de suas opiniões. O afastamento definitivo de Freud veio em 1913, quando Bleuler tornou públicas suas críticas no artigo "Kritik der Freudischen Theorien" (Crítica das teorias de Freud).

Bleuer concebeu um evolucionismo finalista ligado à psicologia biológica, o ramo da neurociência que estuda o comportamento, ou seja, as atividades físicas associadas aos processos mentais. Segundo Bleuler, existe um fator unitário e estruturante, o "psicóide", que fundamenta a complexidade dos processos vitais e constitui seu princípio unitário.

Jung conhecia Bleuler muito bem porque ele era o poderoso diretor do Burghölzli, o Hospital Psiquiátrico Universitário de Zurique, onde Jung, um jovem médico de primeira viagem, começou a trabalhar. Jung lembrou com carinho de seu primeiro encontro com o diretor do hospital, que aconteceu na sala de espera. Bleuler o cumprimentou com palavras de boas-vindas e, apesar dos protestos insistentes de Jung, tirou a mala de sua mão para carregá-la e o acompanhou até o quarto que lhe fora designado.

Por essa humanidade, Jung tinha Bleuler em alta consideração e não deixou de estudar cuidadosamente todas as suas obras.

Bleuler não se aprofundou no tema do psicóide, apesar de tê-lo tratado em seu livro "O psicóide como princípio do desenvolvimento orgânico". No entanto, o conceito foi retomado e "feito seu" por Jung. O criador da teoria da sincronicidade a adotou plenamente em sua construção psicológica. De fato, é difícil imaginar sincronicidade fora de uma realidade psicóide. De fato, Jung afirma que "sincronicidade implica sincronismo absoluto entre eventos psíquicos e físicos". Esta é uma descrição perfeita do que é a realidade psicóide: é a condição unitária da psique e da matéria.

Na dimensão psicóide não há distinção entre o físico e o psíquico. As imagens são tão reais quanto os objetos que representam e os pensamentos são tão reais quanto os argumentos sobre os quais pensam. Obviamente, isso entra em conflito com nossa compreensão sensorial do mundo. Na dimensão psicóide não há mais distinção entre a coisa pensada, presente apenas na mente, e a coisa concreta, palpável, realizada. Não há distinção entre uma história imaginada e uma história que aconteceu. Na prática, não há diferença entre imaginação e "realidade" no sentido que normalmente damos a esse termo.

Em sua vasta literatura, Jung cita muitos casos em que a realidade psicóide se encaixa perfeitamente em sua construção psicológica.

O primeiro e muito famoso exemplo é o do escaravelho. Em outra ocasião, isto é, em carta escrita em 1945 e dirigida ao prof. J.B. Rhine de Durham, EUA, Jung descreve um incidente semelhante:

> "Vou passear na floresta com um paciente. Ela me conta sobre o primeiro sonho de sua vida, um sonho que deixou

uma impressão indelével nela. Ele teve uma visão de uma raposa, ele a viu descendo as escadas da casa dos pais.

Nesse momento, a menos de quarenta metros de nós, uma raposa sai das árvores e corre silenciosamente pelo caminho à nossa frente por alguns minutos. O animal se comporta como se compartilhasse nossa condição humana..."

Devemos nos perguntar: mas a Cetonia aurata estava ali mesmo, pronta para bater na vidraça, quando o paciente falou do besouro visto em sonho?

E a raposa estava bem ali, pronta para aparecer na frente dos dois passeando, enquanto a paciente contava seu sonho?

A história dos dois sonhos gerou duas sincronicidades que mudaram a realidade física dos pacientes e do próprio Jung. Jung e os pacientes certamente viviam momentos de pathos, profundamente imersos na narrativa reforçada pelo sofrimento psíquico real dos pacientes. Essa situação, em ambos os casos, gerou uma tensão capaz de gerar sincronicidade.

Seria difícil estabelecer se a raposa e a Cetonia estavam realmente presentes ali, assim como é difícil investigar qualquer manifestação psicóide ou sincronística. Talvez em ambos os casos, a sincronicidade tivesse o poder de mover a cena para um universo diferente, um dos infinitamente possíveis, no qual a raposa e a Cetonia estavam realmente presentes. Ou, a cetonia e a raposa se materializaram assim como o livro de Anna Parish ou nossas chaves encontradas onde nunca imaginamos.

O conceito de psicóide aplica-se à não-diferença entre psique e matéria, entre pensamentos e fatos, para possibilitar eventos como os narrados. Mas uma situação psicóide também pode ser reconhecida entre as sensações conscientes do presente e o inconsciente, onde o futuro já está presente. Uma força semelhante a uma atração psíquica inconsciente pode estabelecer um plano psicóide em que passado e futuro se fundem para formar o mesmo elemento indistinto de uma existência manifestada ontem, hoje, amanhã, aqui e em toda parte.

A continuadora e exegeta de Jung, Aniela Jaffé, conta a trágica história de uma criança. O jovem costumava brincar com um amigo no campo ao redor de sua casa. Respeitando as recomendações dos pais, os dois se afastaram de um poço raso, mas um dia, depois de uma corrida, pararam bem na beira daquele poço para respirar. O olhar do nosso jovem amigo caiu sobre a água parada, que refletia sua imagem como um espelho. Ao ver-se refletido na água, foi tomado por uma forte perturbação. Por um instante sentiu-se levado para outro mundo: já não via o amigo, nem a paisagem circundante. Ele estava tremendamente sozinho e tremendamente atraído por sua imagem na água. Ele se recuperou. Ele não disse nada, mas não conseguiu apagar aquele momento em que sua consciência e uma misteriosa força de atração se fundiram, como se toda a sua vida se resumisse naquele breve flash. Nos anos seguintes, ele sempre tentou manter-se afastado daquele poço, mas uma trágica influência da "sympathia rerum" uniu sua consciência àquela água. De fato, depois de alguns anos, o jovem perdeu a vida ao se afogar naquele poço.

Esta história lembra muito o destino de Narciso, um personagem trágico da mitologia. Filho da ninfa Liriope e do deus do rio Cefiso, Narciso era um jovem caçador. Quando ele completou dezesseis anos de idade, ele era bonito a ponto de todos que ele conhecia se apaixonarem por ele. Mas Narciso rejeitou todos. Um dia, enquanto ele estava caçando, a ninfa Eco o seguiu pela floresta, ansiosa para falar com ele. Infelizmente, Eco teve uma briga com Juno, que por isso lhe infligiu um estranho castigo. Eco nunca conseguia falar primeiro, mas sempre tinha que repetir as últimas palavras ditas pelo interlocutor. Assim, sabendo que não poderia estabelecer um diálogo com Narciso, assim que conseguiu se aproximar, a bela Eco imediatamente agiu e correu para abraçá-lo sem dizer uma palavra.

Narciso, no entanto, a empurrou para longe. A pobrezinha ficou tão desapontada que se retirou para a solidão e começou a vagar pelos vales solitários chorando. Ele chorou tanto que só a voz dela permaneceu.

A deusa Nemesis, sentindo compaixão por Eco, decidiu punir Narciso. Quando o jovem, sedento depois de uma caçada, debruçou-se sobre uma poça de água para beber, Nemesis fez questão de que Narciso pudesse ver sua própria imagem refletida na água. Como aconteceu com todos, assim que Narciso viu sua imagem pela primeira vez, ele se apaixonou profundamente por ela. Mas ele logo percebeu que seu amor nunca seria correspondido, porque aquele jovem era ele mesmo. Em desespero, ele continuou ansiando por toda a sua vida por esse amor impossível, até que acabou afogado na mesma piscina.

Nemesis é um nome que lembra o destino. Foi realmente o destino que trouxe essa conclusão trágica? Se a história fosse algo privado da vida de Narciso, ou seja, algo que só interessasse a ele e sua imagem, poderíamos falar sobre seu destino.

Em uma visão psicóide, onde tudo está conectado com tudo, não pode haver destino pessoal. Em primeiro lugar, a história de Narciso, apesar de ser um mito, no nível psicóide é absolutamente real. Sabemos que existem diferentes versões mitológicas da história de Narciso e, no nível psicóide, todas são igualmente verdadeiras. Além disso, todas essas histórias fazem parte de um plano psicóide que inclui não apenas sua história, mas todas as histórias do universo. Portanto, não há destino pessoal de Narciso, assim como não havia destino pessoal do menino que se afogou no poço pelo qual se sentiu atraído quando criança.

Existe uma realidade psicóide geral, que contém todas as realidades. Nesse sentido, as histórias individuais não existem como tal, mas como partes de um todo e seus significados não estão mais relacionados às histórias em si, mas à totalidade das histórias.

Qualquer acontecimento trágico ou feliz, como o início de uma guerra, um terremoto, o nascimento de uma nova civilização ou uma descoberta científica revolucionária, fazem parte de um tecido já esticado em uma dimensão que chamamos de "tempo e espaço".

Mas esta dimensão não tem tempo nem espaço.

Essas afirmações são surpreendentes? Nem tanto. A física quântica, isto é, a física da intimidade da matéria, confirma a realidade psicóide quando afirma que as "coisas" não existem como tais, mas como fantasmas errantes entre uma multiplicidade de estados em que provavelmente existem.

A física quântica forneceu evidências de que a matéria pode existir simultaneamente em forma corpuscular e de onda. Isso tem consequências incríveis. Podemos antecipar um conceito fundamental da física quântica. De fato, a partícula e a onda dão a sensação de algo que por um lado é sólido e bem definido, por outro é imaterial, "disperso em uma nuvem probabilística".

Jung se familiariza com essas noções científicas, porque são apresentadas a ele por seu amigo, o físico Wolfgang Pauli. Isso é suficiente para encorajá-lo a consolidar um dos principais pressupostos da psicologia analítica. A física, com a teoria do Big Bang, argumenta que nos primeiros momentos da criação, matéria e energia eram indistintas. Da mesma forma, Jung argumenta que, nas camadas mais profundas, a substância do ser é física e psíquica sem distinção.

Decifrando sincronicidades.

"Sincronicidade. Dicas para decifrar".

Quando nos encontramos envolvidos em eventos particulares, como uma série de estranhas coincidências, podemos nos imaginar protagonistas de um episódio de sincronicidade. Normalmente essas coincidências são desconectadas umas das outras e adquirem um "significado" unitário apenas em nossa elaboração mental. Até um sonho pode ter essas características.

A especificidade das sincronicidades, ou seja, o seu carácter simbólico e a estreita ligação com o inconsciente individual, fazem com que a decifração da mensagem seja quase exclusivamente confiada ao destinatário. A exceção são os terapeutas profissionais capazes de aprofundar as camadas internas que nem mesmo o próprio sujeito é capaz de explorar objetivamente.

Na maioria dos casos, ninguém sonha em recorrer a um psicoterapeuta para ser ajudado a revelar o simbolismo das mensagens sincronísticas, pelo que podemos dar aqui alguns conselhos gerais que nos podem ajudar.

A primeira, claro, consiste em não considerar coincidências significativas como fruto do acaso, mas como mensagens de uma Mente superior que coordena a harmonia do universo e quer nos ajudar a permanecer harmoniosos, ou seja, beneficiários do bem-estar interior.

A segunda consiste em confiar apenas no próprio julgamento, que certamente é o mais qualificado e o mais informado para elaborar sua interioridade em busca do significado dos símbolos. Os símbolos são patrimônio de toda a humanidade, mas, ao mesmo tempo, estão estritamente de acordo com nosso ego, nossa cultura e nossa forma de ver o mundo. Podemos dizer que o símbolo é como a ponta de um dedo: existem bilhões deles, e ao mesmo tempo não existem dois iguais: cada um tem suas pegadas únicas e inconfundíveis.

A terceira dica consiste em não ter pressa em atribuir significados. Muitas vezes uma sincronicidade é composta por vários eventos diluídos no tempo. Temos que criar uma gaveta secreta na mente na qual depositamos as mensagens não compreendidas, e cada vez que recebemos uma nova temos que passar por ela com todas aquelas ainda não resolvidas. Esta prática pode dar resultados surpreendentes. Se toda curiosa coincidência desperta uma certa surpresa, mas logo a descartamos, corremos o risco de interromper um caminho do qual esse foi um passo importante. De fato, uma sincronicidade pode se manifestar ao longo de dias ou meses, ou mesmo anos, e cada nova coincidência significativa pode ser o refinamento de uma anterior.

Lembremos que o lugar de onde vêm as sincronicidades é muitas vezes chamado de "não-localidade", porque não é possível situá-lo nem no espaço nem no tempo: no nível não-local não há espaço e tempo, e isso está cientificamente comprovado pela física quântica e pela recente descoberta do fenômeno chamado emaranhamento, que tentei descrever em seus elementos essenciais.

Como apêndice a este terceiro conselho, muitos estudiosos e autores argumentam a utilidade de manter um diário de coincidências. Nesse diário também podemos anotar os sonhos significativos, ou seja, aqueles que mais nos impressionaram. Os sonhos podem ter um valor sincronístico (ou profético) quando o evento sonhado é realmente realizado, ou podemos dar sentido a um evento conectando-o ao sonho, mesmo que não correspondam porque um é simbólico e o outro é real.

A "sympathia rerum" de Girolamo Fracastoro.

"Pandemias e sincronicidade. A "sympathia rerum" de Girolamo Fracastoro".

A física quântica nos ensina que as partículas, além de atrair e repelir umas às outras, se reconhecem. Duas partículas relacionadas nunca se perdem de vista, mesmo que sejam colocadas nas duas extremidades do universo. A "simpatia quântica" não precisa mais de contato físico para se manifestar.

Girolamo Fracastoro, precursor da epidemiologia moderna.

Um olhar para o passado permite estabelecer uma conexão surpreendentemente sólida entre a situação atual e alguns raciocínios científicos desenvolvidos pelo humanista e filósofo veronese Girolamo Fracastoro no século XVI. Descreveu algumas formas infecciosas que chamou de "seminaria morbi", ou seja, "disseminadores de doenças". Qualquer leigo no assunto, à luz do conhecimento atual, pode imaginar que os "seminários" fossem uma descrição primitiva das bactérias e vírus atuais. De fato, é assim, pois, segundo Fracastoro, os "seminários" eram responsáveis por vários tipos de infecções. Em sua obra de 1530, "Syphilis sive morbus gallicus" (Sífilis, ou doença francesa), ele descreve a conhecida doença sexual. O nome é emprestado do mito grego do pastor Sifilo, punido pelo deus Apolo com esta doença. Ainda hoje a doença é conhecida pelo mesmo nome, mas também sabemos que a "seminaria" responsável é a bactéria "Treponema pallidum".

Em sua obra de 1546, "De contagione et contagiosis morbi et curatione", Fracastoro argumenta que as doenças contagiosas são causadas por seres vivos microscópicos e que a transmissão entre seres humanos ocorre pela passagem de esporos ou sementes do doente para o saudável. Numa época em que os micróbios eram desconhecidos, Fracastoro imagina a existência de partículas invisíveis capazes de espalhar infecções rapidamente. Nesse sentido, ele pode ser considerado o fundador da epidemiologia.

O mistério das "seminaria morbi".

Mas de onde veio o "seminária"? Aqui a resposta de Fracatoro torna-se menos científica e o cientista deixa espaço para o filósofo. A este respeito, vale a pena mencionar uma coleção de suas obras, publicada em 1555 em Veneza, que inclui também o texto de filosofia natural "De sympathia et antipatia rerum". Nas intenções do autor, esta obra deveria ter sido publicada juntamente com "De contagione", pois acreditava que os dois textos se complementam.

Em "De sympathia" Fracastoro argumenta que todas as coisas do mundo estão conectadas umas às outras por uma força natural e universal. Mesmo o homem, como componente da natureza, não escapa dessa força. Esta é a "Simpatia" que cada parte sente em relação ao Todo. O Todo retribui e recompensa cada parte com a mesma "simpatia".

Uma intuição muito corajosa para a época.

A intuição era muito corajosa para a época e Fracastoro posteriormente a redimensionou. Ele explica que "Sympathia" não pretende ser uma força de atração espiritual. A sensação de "Simpatia" é física. As relações entre as coisas são estabelecidas pelos fluxos de átomos, então nada pode acontecer sem contato físico. Em outras palavras, o autor argumenta que há atração entre "coisas semelhantes" e repulsão entre "coisas diferentes"

Analogia com a física de partículas.

A física de partículas hoje nos ensina algo conceitualmente semelhante, mas oposto na prática. Partículas com a mesma carga não se atraem, mas se repelem, e aquelas com cargas diferentes se atraem. Em outro nível, a física quântica nos ensina que as partículas, além de atrair e repelir umas às outras, se reconhecem. Duas partículas relacionadas nunca se perdem de vista, mesmo que sejam colocadas nas duas extremidades do universo. A "simpatia quântica" não precisa mais de contato físico para se manifestar. O vínculo de conhecimento quântico é uma "simpatia rerum" que não requer contato. É imaterial, psíquico, "espiritual". Giordano Bruno, filósofo da natureza que defendia a unidade de infinitos mundos e universos, introduziu em seus diálogos um personagem, Fracastorio, que representa claramente o pensamento do cientista veronese.

Coincidências significativas.

A coincidência entre os estudos de Fracastoro e os acontecimentos atuais é surpreendente, a ponto de sugerir que é muito mais do que uma simples coincidência. Quando uma coincidência se torna particularmente significativa, podemos falar de sincronicidade.

De fato, cinco séculos depois, nos encontramos falando de uma doença que se espalha entre os seres humanos. Quando a ciência nos permitiria sorrir diante da hipótese de que a doença se espalha por simpatia entre as coisas, a física quântica nos apresenta uma sólida teoria de tudo, segundo a qual cada partícula do universo está conectada (emaranhada) com todas as outras, em um maneira "não-física".

A conexão de todo o universo existe com certeza. Essa conexão pode ser testada em pequena escala em laboratórios, mas obviamente não se limita a experimentos onde duas ou mais partículas estão conectadas. É o que podemos definir como "a mãe de todas as conexões", porque se desenvolveu no nascimento do universo, durante o Big Bang. Nesse instante todas as partículas do universo nasceram juntas e, portanto, foram correlacionadas pela imensa explosão primordial.

Outra coincidência está na inteligência do fenômeno. Hoje podemos afirmar que a "sympathia rerum" que une todas as coisas não é uma capacidade específica da matéria, mas uma força psíquica capaz de iniciativas inteligentes, chamadas sincronicidades. São iniciativas que podem orientar o homem para estágios evolutivos cada vez mais elevados.

Uma anedota curiosa.

A cidade italiana de Verona quis gratificar seu ilustre cidadão Girolamo Fracastoro com uma homenagem. No centro da cidade, onde a Via Fogge desemboca na Piazza dei Signori, foi erguida uma estátua de corpo inteiro que o representa segurando um globo na mão. Juízes e advogados a caminho do antigo tribunal tiveram que passar por baixo da estátua. Segundo a tradição popular, aquele globo cairá sobre a cabeça da primeira pessoa respeitável que passar por baixo dele. No entanto, depois de muitos séculos, a bola ainda está firmemente presa à mão do filósofo.

Vamos supor que um dia a bola realmente caia na cabeça de alguém. Poderíamos considerar este evento como um mero acaso, ou poderíamos dar-lhe um sentido, considerando-o a manifestação da profecia? A coincidência entre o passe de uma pessoa e a queda da bola deve ser considerada mera coincidência? Ou, segundo a teoria da "sympathia rerum", devemos considerar os dois fatos (a passagem e a queda) ligados por uma força misteriosa?

Uma questão de sincronicidade.

Segundo a psicologia mais atual, a força unificadora dos dois fatos coincidentes (passagem e queda) leva o nome de sincronicidade. Obviamente, se todas as coisas no universo podem ser relacionadas à unidade, então tudo deve ter um significado. As coisas mais diversas e distantes devem combinar umas com as outras de acordo com uma trama voltada para um desenho. Infelizmente, este projeto escapa completamente à compreensão humana.

A sincronicidade pressupõe a existência de uma correspondência entre três circunstâncias muito diferentes, mas sujeitas à mesma solicitação: a crença popular, um globo suspenso acima, a passagem de um "cavalheiro". Em um determinado momento do tempo e do espaço essas circunstâncias geram uma sincronicidade em que, segundo a tradição, a bola cai e atinge o "cavalheiro" que passa por baixo dela.

Se isso for verdade, há uma direção, um único princípio vital que permeia todo o universo. Nesse momento particular de tempo e espaço o princípio vital cria um microcosmo composto por essas três partes específicas, que são excitadas para que ocorra um episódio sincrônico. É importante ressaltar que isso acontece no contexto de um projeto global, no tempo global e no espaço global. A queda da bola não é independente de tudo o mais que acontece no universo, mas compõe e completa uma trama universal.

Nesse princípio vital, a parte detectável pelos sentidos (a bola de pedra) e a parte extra-sensorial (crença popular) se sobrepõem à parte provável (a passagem do homem honesto). A sobreposição do sensorial com o extra-sensorial e com o provável é a demonstração do fato de que tudo é realmente um.

Se o fato realmente acontecer, e a esfera de pedra cair sobre um transeunte, talvez investigaremos, mas nunca conseguiremos rastrear por que aquela esfera caiu no momento em que aquela pessoa estava passando por baixo. No entanto, existe a possibilidade de que o fracasso da investigação não se deva a uma incompreensibilidade inevitável do fenômeno. Mais provavelmente, não entendemos alguns fenômenos, porque nossos métodos de investigação são inadequados ou partem de suposições erradas.

Estranhas coincidências.

Rádio Rádio FM 104.5-Sky entrevista com Bruno Del Medico.

"Rádio Rádio FM 104.5-Sky entrevista com Bruno Del Medico".

Transcrição da entrevista reformulada

O vídeo original (em italiano = pode ser visto na página do Facebook "Cenacolo Jung Pauli" ou no Youtube.

Bruno Del Medico está aqui conosco hoje como escritor. Oi Bruno

Oi Damiano.

Vamos conhecer melhor o Bruno Del Medico. Bruno não nasceu escritor, ele se tornou escritor em algum momento de sua vida, não é Bruno?

Atualmente do ponto de vista do trabalho estou aposentado e uso meu tempo livre praticando na divulgação dos temas que estou falando nesta entrevista. Faço-o como blogueira: criei várias referências na rede, principalmente uma página de Facebook seguida por mais de 6000 pessoas. (hoje 30.000, ed.) Também o faço como escritor, com três livros já publicados, e um quarto será lançado em alguns meses, novamente com as edições PensareDiverso.

Antes de me aposentar, trabalhei na área de TI. Desde o aparecimento dos primeiros computadores domésticos que alguém vai lembrar, começando pelo Sinclair ZX80 passando pelo Vic20 ou o glorioso Commodore 64, colaborei com muitas revistas da época como Bit, Radioelettronica, MC Computer e Personal Software, depois realizei por alguns anos cursos de programação, finalmente me dediquei ao desenvolvimento de aplicativos de gestão.

A experiência de programação me formou e me fez entender que os eventos muitas vezes são feitos de uma realidade que não entendemos e uma aparência que entendemos, mas não é a realidade.

Por exemplo, quando processamos a atividade de uma empresa processamos enormes massas de dados que estão desconectados uns dos outros, mas essa é a realidade. Obtemos um diagrama que também pode ser entendido por uma criança, mas isso em si é uma abstração, não existe.

Há uma enorme diferença entre o programa que processa os dados e os resultados que vemos.

Os videogames nos emocionam em situações completamente virtuais, porque a verdadeira consistência de um videogame está em um programa que alguém preparou anteriormente.

Eu não poderia imaginar nada mais chato e incompreensível do que programar um programa de videogame.

Simplificando, acredito que por trás de cada evento, mesmo os da vida cotidiana, existe um programa.

Então você acha que existem programas subjacentes aos eventos da vida comum também?

Vejamos um caso muito trivial. Conhecemos alguém e apertamos sua mão. Por trás dessa ação estão muitos programas que entraram em operação. Em primeiro lugar, há o "programa de máquina" que orienta o corpo e nos faz dar passos em direção ao outro, depois nos faz esticar o braço com a mão aberta, depois nos faz apertar a outra mão.

É um programa que coordena o funcionamento de centenas de músculos e órgãos dos sentidos, mas ocorre automaticamente. Ele reside no cérebro, é expresso com comandos dados às várias partes do corpo.

Depois, há um programa de nível superior, que determina a decisão: se queremos apertar essa mão ou não, e que grau de simpatia e que amplitude de sorriso queremos mostrar. Este programa é escrito a partir de nossa experiência de vida e não reside no cérebro, mas na mente, ou seja, na consciência.

Depois, há programas que executamos mesmo que tenham sido escritos por outros.

Por exemplo, se vamos à prefeitura para renovar o documento de identidade, é porque existem regras segundo as quais o documento deve ser renovado a cada poucos anos.

Não escrevemos o programa que nos leva ao escritório, ele faz parte do ambiente em que vivemos e, nesse sentido, determina nosso comportamento.

Agora, vamos imaginar que enquanto vamos ao escritório andando na calçada tropeçamos em uma raiz saliente e corremos o risco de cair.

Qual é o programa por trás desse fato?

Não poderíamos dizer que é um caso simples?

Poderíamos dizer que não há programa, ninguém previu ou predeterminou a pedra de tropeço, nem nós nem os outros; portanto, digamos que aconteceu por acaso.

Mas vamos admitir que enquanto estamos caindo nosso olhar vê uma nota de 5 euros bem ali no chão, perdida quem sabe quando por quem sabe quem. Recolhemos a nota e ela é nossa; não há indicações para poder devolvê-lo.

Existe um programa por trás desse fato? Bem, digamos que foi um caso curioso.

Mas não é uma simples coincidência, é uma questão de muitas coincidências curiosas: passamos ali mesmo, tropeçamos ali mesmo, a nota estava ali mesmo, ninguém a tinha visto e nós a vimos primeiro.

Um pouco demais coincidências todas juntas para considerá-las simplesmente uma coincidência.

Digamos que não foi o caso, mas sorte. Então vamos começar a imaginar que um corpo chamado FORTUNA escreveu este programa para nós.

Você pode me dar alguns outros exemplos?

É claro. Silvia, (uma senhora de meia idade) está em casa e resolve tirar um objeto de uma gaveta. Ele inadvertidamente puxa demais, a gaveta sai das guias e todo o conteúdo acaba no chão.

Colecionando coisas, Silvia encontra em suas mãos uma foto muito antiga de quando era estudante do ensino médio, que a retrata junto com um menino, um colega. Ele se esforça um pouco para lembrar, mas depois se concentra nele: é Marco, que não vê há anos porque mudou de cidade.

No dia seguinte, Silvia vai ao shopping, pega a escada rolante e aumenta o passo, como costuma fazer ao descer. Nesse ponto, quase acaba nos braços de uma pessoa ali parada. Bem, adivinhe quem é essa pessoa?

É Marcos?

Adivinhado. É realmente o velho amigo Marco. Que coincidência!

Esses fatos, ou mais ou menos semelhantes, nós os contamos aos nossos amigos e os ouvimos contar porque acontecem com muita frequência, e provavelmente cada um de nós foi protagonista pelo menos uma vez de uma estranha coincidência.

Então, existe um programa por trás das coincidências?

Essa é a pergunta que eu me fiz. A probabilidade de encontrar uma foto antiga e conhecer a pessoa retratada na foto logo depois é de um para muitos milhões.

Fazendo essas reflexões, me perguntei: existe um programa por trás dessas coincidências inesperadas e tão alheias à vida cotidiana?

Existe um programador que organiza esses eventos? Ou seja, existe uma vontade que decide que esses fatos devem acontecer em nossa vida? Mas acima de tudo: há uma mensagem?

Quando comecei a estudar o assunto, percebi imediatamente que as perguntas não eram triviais e que alguém havia considerado seriamente o problema muito antes de mim.

Então, já existem estudos? Você pode citar algum deles?

Carl Jung é um psicólogo suíço que viveu no século passado (ele morreu em 1961). Ele desenvolveu a teoria do inconsciente coletivo. Resumindo o máximo possível, nossa consciência individual extrai informação e conhecimento de um recipiente maior que não está dentro de nós, na verdade não está em lugar nenhum porque não é um "objeto", é uma realidade psíquica que Jung chama de subconsciente coletivo.

Este reservatório de conhecimento é acessível a todos e contém todas as experiências da humanidade desde o primeiro homem até hoje, armazenadas na forma de arquétipos.

Arquétipo é uma palavra que deriva do grego e poderia ser traduzida como "modelo". Arquétipos são os padrões de comportamento comuns a toda a humanidade, ou seja, se preferir, são programas que orientam nossos comportamentos e foram escritos pela humanidade que viveu antes de nós. De fato, nós mesmos os atualizamos e os integramos para que sejam úteis para a humanidade que virá depois.

Você pode dar alguns exemplos de arquétipos?

É claro. O medo do escuro, ou da morte, a preferência do doce ao amargo, mas também a inclinação para certas formas de arte ou os tabus do sexo são arquétipos. Depois, há "figuras arquetípicas" elaboradas por Jung em forma simbólica: a Sombra, o Velho, o Animus ou Anima, e muitos outros.

Os arquétipos podem afetar nossa consciência e, quando o fazem, manifestam-se de forma enigmática. Eles geralmente se manifestam na forma de coincidências significativas. Quando uma ou mais coincidências significativas nos envolvem, de acordo com Jung está ocorrendo uma sincronicidade.

O que é uma sincronicidade?

As sincronicidades são difíceis de interpretar, mas muitas vezes são um "sinal" e podem guiar não apenas os indivíduos, mas também sociedades inteiras ou toda a humanidade para o melhor.

Se as sincronicidades têm essas características, obviamente há uma inteligência por trás delas. Os arquétipos do inconsciente coletivo seriam organizados por uma Consciência universal.

Do ponto de vista das filosofias e das religiões, não é impossível encontrar analogias entre o inconsciente coletivo de Jung, o Tao das culturas orientais ou o Espírito das culturas ocidentais.

Seu discurso é intrigante, mas que evidências existem? Qual é a opinião da ciência?

A ciência, desde 1700 até nossos dias, teve uma orientação exclusivamente materialista: tudo o que não pode ser medido, pesado e reproduzido em laboratório não existe, pois mesmo as teorias de Jung, para a ciência materialista, são apenas ilusões e fantasias.

De fato, física clássica. baseia-se em algumas apostas intransponíveis:

- A velocidade da luz, então nada pode se mover mais rápido que 300.000 km por segundo.

. A flecha do tempo, pela qual em cada evento há um antes e um depois; tudo segue para o depois e nunca é possível retornar à situação anterior.

- Determinismo, segundo o qual tudo o que acontece é produzido por um evento físico e, por sua vez, determina outros eventos físicos.

Podemos pegar o exemplo da mesa de sinuca com algumas bolas no tapete verde. Temos certeza de que nenhuma bola se move sozinha. É necessário que outra bola, ou o taco do jogador, dê um empurrão.

A bola, enquanto se move, pode bater em outras bolas, dando-lhes impulsos. Com o tempo e a distância, a energia do empuxo muda de cinética para potencial, e o movimento cessa.

Nesta estrutura materialista não há possibilidade de que alguém possa fazer uma bola se mover com o poder do pensamento, porque o pensamento está confinado ao crânio, de fato, de acordo com a ciência materialista, é um subproduto das reações químicas do cérebro. Portanto, o pensamento não pode ter nenhum efeito fora do crânio. Por exemplo, fenômenos telepáticos não podem existir, porque nenhum pensamento pode deixar um cérebro para entrar em outro.

Então as teorias de Jung são rejeitadas pela ciência?

Com essas premissas parecia não haver esperança de confirmação para as teorias de Jung, até que o cientista suíço conheceu Wolfgang Pauli.

Pauli é um dos fundadores da física quântica. Em 1945 recebeu o Prêmio Nobel de Física.

No entanto, anteriormente, enquanto ensinava física teórica em Zurique, Pauli se viu passando por uma série de tragédias. Em pouco tempo foi vítima do suicídio da mãe e do divórcio de uma esposa recém-casada. Isso o convenceu a procurar a ajuda de um psicólogo e, assim, em janeiro de 1932, conheceu Jung.

Pauli imediatamente reconheceu na teoria junguiana da sincronicidade uma grande afinidade com o comportamento das partículas elementares que estudava, e entre os dois nasceu uma parceria cultural que durou trinta anos.

Jung e Pauli há muito buscavam o elo que pudesse unir psique e matéria em reconhecimento mútuo. Infelizmente, em seu tempo, eles não o encontraram.

Então, as teorias metafísicas de Jung e Pauli não foram confirmadas?

Longe disso. Em 1982, sua aspiração foi realizada graças a outros cientistas que verificaram experimentalmente um comportamento verdadeiramente surpreendente das partículas elementares: em alguns casos, as partículas elementares não obedecem às regras da física clássica.

Esses comportamentos indicam a possibilidade da existência de um nível de realidade não mais baseado na matéria, portanto, um nível "psíquico" que colabora com a matéria.

Claro que isso é muito desagradável para o establishment científico materialista, que está lutando contra essa ideia por todos os meios, mas infelizmente para eles, agora é uma batalha perdida.

O experimento realizado pela primeira vez na França em 1982 confirmou a existência de um fenômeno que é definido, segundo o costume, com um nome inglês, "emaranhamento". É uma palavra que podemos traduzir como "entrelaçamento", mas traduzimos apenas para nos entendermos, porque alguns termos, como computadores ou smartphones, não se traduzem.

Bruno, explica melhor o que é emaranhamento

.

Em suma, pode ser gerado em laboratório um evento que produza duas partículas, por exemplo, dois elétrons ou dois fótons; estes são definidos como "correlacionados", porque possuem afinidades, tendo nascido do mesmo evento. Poderíamos dizer que essas partículas são gêmeas.

As duas partículas têm a característica de serem complementares, digamos que uma tenha um valor meio positivo e a outra metade negativo, mas para entender melhor vamos imaginar que uma seja masculina, "Antonio partícula", e a outra seja feminina, "Maria partícula".

Vamos imaginar que somos cientistas. Mantemos Antonio aqui e movemos Maria, a colocamos a mil anos-luz de distância. Então pegamos Antonio e o fazemos mudar de sexo: Antonio se torna Antonietta. Ao mesmo tempo, a mil anos-luz de distância, Maria também muda de sexo e se torna Mario.

Este comportamento contradiz completamente a física clássica.

Quais são as contradições?

A mudança de sexo (tecnicamente, a mudança de rotação) ocorre simultaneamente mesmo a mil anos-luz de distância, de modo que a velocidade da luz foi excedida.

Além disso, como não há atraso, nem mesmo um bilionésimo de segundo, a flecha do tempo não tem influência. Não existe "antes" e "depois".

Acima de tudo, os dois eventos não ocorreram "por causa", primeiro um e depois o outro, mas simultaneamente; portanto, não havia causa e efeito: o determinismo da física clássica foi repudiado.

Mas a pergunta de um milhão de dólares que temos que nos fazer é esta:

Como Maria, a mil anos-luz de distância, soube que Antonio ia mudar de sexo, para que ela também pudesse mudar ao mesmo tempo?

Na verdade, é como se a informação não tivesse viajado. Ou seja, é como se as duas partículas tivessem sempre permanecido juntas, como parte de uma inteligência que unifica todo o universo em uma única coisa, como se fossem parte de um único cérebro universal.

Para completar, digamos que o emaranhamento também foi verificado em milhões de partículas ao mesmo tempo, não apenas em duas.

Portanto, podemos dizer que se o emaranhamento é possível entre duas partículas correlacionadas, também é possível entre todas as partículas do universo, pois todas estão correlacionadas. Na verdade, todos eles se originaram de um único evento, o big bang.

Quais são as possibilidades decorrentes disso?

Vamos sair do campo da física por um momento e entrar no da metafísica, como muitos físicos quânticos estão fazendo. Posso citar David Bohm, mas também Stephen Hawking, embora a física quântica não fosse seu campo, ele era um astrofísico.

A existência de um nível universal de consciência através do qual as partículas se comunicam sem limites de espaço e tempo abre possibilidades que não poderiam ter sido imaginadas até recentemente.

Na verdade, nós também somos feitos de partículas que podem sintonizar e trocar informações através deste nível. As provas de diálogo com a consciência universal já acontecem por meio de sincronicidades, mesmo que as comunicações que recebemos sejam simbólicas.

Como uma consciência universal não teria limites de espaço e tempo, fenômenos como telepatia, premonição e todas as percepções extra-sensoriais também se tornariam possíveis.

Você também lida com essas questões em seus livros?

Certamente. Todos os assuntos que mencionei aqui são totalmente tratados em meus livros, que estão disponíveis nas principais livrarias online, tanto em formato impresso quanto em e-book.

Bibliografia

Acheson David Milleottantanove e altri numeri magici. Un viaggio sorprendente nella matematica

Allen Steve Inganni della logica

Ambesi Alberto Il panteismo

Amir Dan Aczel Entanglement. Il più grande mistero della fisica. Raffaello Cortina Editore.

Amir Dan Aczel L'equazione di Dio

Amir Dan Aczel Il mistero dell'alef

Anderl Sybilla L' universo e io. Una filosofia dell'astrofisica

Angier Natalie Il canone della scienza. Visita guidata dall'infinitesimale all'infinito per principianti entusiasti...

Anthes Emily Guida rapida per cervelloni: la mente

Arecchi Fortnato Tito I simboli e la realtà. Temi e metodi della scienza

Argentieri Niccolò Ci sono elettroni nel mondo della vita? Esperienza, matematica e realtà. Una lettura fenomenologica dell'epistemologia di Werner Heisenberg

BakerJoanne Fisica quantistica. 50 grandi idee

Barbour Julian La fine del tempo. Einaudi.

Barrow John David Da zero a infinito. La grande storia del nulla. Oscar Mondadori.

Barrow John David L'infinito

Barrow John David I numeri dell'universo

Barrow John David Perché il mondo è matematico? Laterza

Barrow John David Le Origini dell'universo

Barrow John David Le immagini della scienza

Barrow John David Il libro degli universi. Guida completa agli universi possibili

Barrow Tipler Il principio antropico.

Baruccs,Iannaccone, Scacchi La sceinza coatta

Barzaghi Giuseppe Compendio di storia della filosofia

Beitman Bernard I messaggi delle coincidenze.

Bellone Enrico I corpi e le cose

Berti Enrico Storiadellametafisicsa

Bersani R, Peres E. Matematica. Corso di sopravvivenza

Bodanis David $E=mc^2$. Biografia dell'equazione che ha cambiato il mondo

Bersani- Peres Matematica proverbiale

Bocchi G, Ceruti M. Origini di storie

Bohm A. Conrad Le chiavi del cosmo. Storia dell'astronomia dalla meccanica celeste al big bang

Bojowald Martin Prima del Big Bang. Storia completa dell'universo

Borgna Eugenio Il tempo e la vita

Bryson Bill Breve storia di (quasi) tutto

Burgin Luc Errori della scienza

Cambray Joseph Sincronicità. Natura e psiche in un universo interconnesso.

Campbell, Joseph Le distese interiori del cosmo. La metafora nel mito e nella religione

Cantalupi -Santarcan Psiche e realtà

Capra Fritjof Il Tao della fisica.

Capra Fritjof Il punto di svolta

Capra Fritjof Verso una nuova saggezza

Capra Fritjof La scienza della vita

Capra F. Luisi P.L. Vita e natura. Una visione sistemica.

Caranzano Massimil. Prima di noi. Siamo stati creati da una civiltà antidiluviana?

Casati Roberto La scoperta dell'ombra

Cederquist John Le coincidenze non esistono.

Centini Massimo Il megalisismo. Luoghi sacri e di potere

Cesati Cassin Marco Non siamo qui per caso. Il potere delle coincidenze.

Chandrasekhar Sub. Verità e bellezza. Le ragioni dell'estetica nella scienza. Garzanti

Chinnici Giorgio Guarda caso. I meccanismi segreti del mondo quantistico

Chopra Deepak e coincidenze. Sperling & Kupfer.

Clark Michael I paradossi dalla A alla Z

Colpi Monica Notte siriaca

Couliano Joan I viaggi dell'anima

Coustè Alberto Breve storia del diavolo

D'Agostini (Manuali) Illuminismo

Dal Buono Lucio Dall'atomo all'anima. Tutto quello che si deve sapere

Dask Mike Al di là deiconfini

Davies Paul Gli ultimi tre minuti

Davies Paul Sull'orlo dell'infinito. Singolarità nude e distribuzione dello spazio tempo

Davies Paul I misteri del tempo. L'universo dopo Einstein

De Agostini Calendario Atlante De Agostini 2022

De Crescenzo Luciano Ordine e disordine

De Santillana Giorgio

Von Dechend Hertha Il mulino di Amleto. Saggio sul mito e sulla struttura del tempo.

De Santillana Giorgio Sirio

Della Sala-Dewar Mai fidarsi della mente

Donà Massimo Magia e filosofia

Du Sautou Marcus Le teorie impossibili. Quali sono i limiti della scienza?

Du Sautou Marcus L' equazione da un milione di dollari. E altri enigmi matematici che rifiutano di lasciarsi risolvere

Einstein Albert Pensieri, idee, opinioni

Einstein Albert Il mondo come io lo vedo

Federrici Vescovini G. Medioevo magico

Ferrini Federico Le onde gravitazionali. Una nuova porta sul cosmo

Ferris Timothy L' avventura dell'universo. Da Aristotele alla teoria dei quanti e oltre: una storia senza fine

Feynman Richard QED

Feynman Richard Il senso delle cose

Feynman Richard Sei pezzi facili

Fondazione Albertini Prove e indizi dell'aldilà

Ford Kenneth Il mondo dei quanti. La fisica quantistica per tutti. Bollati Boringhieri.

Fosar-Bludorf Ipercoscienza. L'intelligenza nasosta nel DNA

Fraser J. T. Il tempo: una presenza sconosciuta

Frova Andrea Perché accade ciò che accade

Frova Andrea Luce. Una storia da Pitagora ad oggi

Frova Andrea Il cosmo e il Buondio. Dialogo su astronomia, evoluzione e mito

Galfard Cristophe Come capire E=mc2

Galilei Galileo Dialogo dei massimi sistemi

Gamow George Le avventure di mr. Tompkins. Edizioni Dedalo

Gamow George Nuovo Mondo di mr. Tompkins. Zanichelli

Giacobbo Roberto Città segrete

Gleick James Caos. La nascita di una nuova scienza

Goswami Arneb Guida quantica all'illuminazione. Edizioni Mediterranee

Grataloup Christian Atlante storico mondiale. 500 mappe

Greene Brian La trama del cosmo. Spazio, realtà.

Greene Brian La realtà nascosta – universi paralleli e leggi profonde del cosmo. Filosofie delle scienze

Greene Brian L' universo elegante. Superstringhe. dimensioni nascoste e la ricerca della teoria ultima.

Greene Brian Fino alla fine del tempo. Mente, materia e ricerca di significato in un universo in evo

Guido Paolo Da Buddha a Einstein

Harner Michael La via dello sciamano

Harrison Edward Maschere dell'universo

Hawking Stephen L'universo in un guscio di noce. Oscar Saggi Mondadori.

Hawking Stephen La teoria del tutto. Origine e destino dell'universo. Mondadori. +

Hawking Stephen La grande storia del tempo. Mondadori

Hawking Stephen La natura dello spazio e del tempo

Hawking -Mlodinov Dal Big Bang ai buchi neri. Breve storia dell'universo. Mondadori

Hawking Heckler Il grande disegno.

Heidegger, Martin Il concetto di tempo

Heidegger, Martin Che cos'è metafisica?

Higfield, Roger La scienza di Henry Potter

Hillman, James Il codice dell'anima

Hopke Robert Nulla succede per caso. Oscar Mondadori

Huxley Aldous Il mondo nuovo. Ritorno al mondo nuovo.

Jaffè Aniela Sogni, profezie, apparizioni

Jauch J. M. Sulla realtà dei quanti

Johnson Steven Dove nascono le grandi idee. Storia naturale dell'innovazione

Joseph Frank Il potere delle coincidenze. Il punto d'incontro.

Jung Carl L'analisi dei sogni. Gli archetipi dell'inconscio. La sincronicità.

Jung Carl Ricordi e riflessioni.

Jung Carl La dimensione psichica. Raccolta di scritti.

Jung Carl Jung parla Interviste e incontri

Jung Carl L'uomo e i suoi simboli

Kaku Michio Iperspazio

Kaku Michio Il futuro dell'umanità. Dalla vita su Marte all'immortalità, così la scienza cambia il nostro destino

Kane Gordon Il giardino delle particelle elementari. Longanesi

Kinnebriock Werner Dove va il tempo che passa. Fisica, filosofia e vita quotidiana

Koch Christof La ricerca della coscienza

Kornelius Martin Einstein Light

Kosko Bart Il fuzzy-pensiero

Krauss Lawrence L'Universo dal nulla

Krauss Lawrence La fisica di Star Trek

Krauss Lawrence Il cuore oscuro dell'universo. Alla ricerca della «Quinta essenza

Kumar Manjit Quantum. Da Einstein a Bohr, una nuova idea della realtà.

Kundera Milan L'immortalità

Kung Hans Cristianesimo e religiosità cinese. Arnoldo Mondadori editore.

Lalumera Elisabetta Coda sono i concetti

Karel Lambert Introduzione alla filosofia della scienza

Lanternari Vittorio Religione magia e droga

Lanza Robert Oltre il biocentrismo

Lanza R. + Herman Biocentrismo

LaszloErvin La mente immortale

Lazzara Salvatore Vedi alla voce scienzq

Lederman -Hill Fisica quantistica per poeti

Ledoux Joseph Il cervello emotivo

Licata Ignazio Osservando la Sfinge. Di Renzo Editore.

Lindley David La luna di Einstein

Lipton Bruce La biologia delle credenze

Livio Mario La sezione aurea. Storia di un numero e di un mistero che dura da tremila anni

Luc Georg I°l magico nella cultura antics

Luccio Riccardo Dall'anima alla mente. Breve storia della psicologia

Marchi Vittorio La scienza cell'Uno Chiaave dell'universo nascosto

Marconi Momolina Preludio alla storia delle religioni

Mavaldi Marco Le due teste del tiranno. Metodi matematici per la libertà

Mc Taggart Lynne La forza segreta dell'universo. Il campo del punto zero

Mc Taggart Lynne The Bond. Il legame quantico

Mecacci Luciano Identikit del cervello

Mondadori Dizionario della saggezza orientale

Morowitz Harold La nascita di ogni cosa

Mortier Roland Impostori e creduloni nel secolo dei lumi

Motterlini Matteo Trappole mentali. Rizzoli

Mugnos Sabrina L'universo che pensa

Muzzio Editore Caos. Una scienza per il mondo reale

Neumann Erich Soria delle origini della coscienza

Odifreddi Piergiorgio Una via di fuga. Il grande racconto della geometria moderna

Oldstone Moore Capire il taoismo

Overbye Dennis Einstein innamorato. La vita di un genio, tra scoperte scientifiche e passione romantica

Palazzi Pablo La grande illusione

PanekRichard Ilsecoloinvisibile

Pauli Wolfgang Psiche e natura

Peat David Sincronicità. Un connubio tra materia e psiche. Edizioni Magi

Peat David I sentieri del caso

Peiretti Federico Il matematico si diverte. Duecento giochi ed enigmi che hanno fatto la storia della matematica

Pichot André La nascita della scienza. Mesopotamia, Egitto, Grecia antica

Pim van Lommel Coscienza oltre lavita

Pinotti-Baccarini Italia esoterica

Plez Ugo Le scienze perdute

John C. Polkinghorne Teoria dei quanti

Popper Karl L'Io e il suo cervello. Armando Editore.

Powell Arthur Il corpo astrale e relativi fenomeni

Prattico Franco Dal caos... alla coscienza

Radin Dean Menti interconnesse. I fenomeni psichici spiegati dalla fisica quantistica.

Ramorino Felice Mitologia classica

Randall Lisa Passaggi curvi. I misteri delle dimensioni nascoste dell'universo

Rhine Louisa Psicocinesi. La mente domina la materia. Golem Libri.

Reeves Hubert L' evoluzione cosmica

Regge Tullio Infinito

Robinson Richard Perché il toast cade sempre dalla parte imburrata? La brillante spiegazione scientifica delle Leggi di Murphy

Rucker Rudy La quarta dimensione. Un viaggio guidato negli universi di ordine superiore

Roth Reme I cercatori di Dio

Russel Bertrand Dizionario di logica fisica e morale

Russo Lucio La rivoluzione dimenticata. Pensiero scientifico greco

Schoepflin Maurizio 100 filosofi

Schumacher Ernst Una guida per i perplessi

Serra Pietro Dall'anima alla coscienza. Una incursione enlle pieghe della mente

Shapira Haim Otto lezioni sull'infinito

Sheldrake Rupert Le illusioni della scienza. Urra.

Sheldrake Rupert La mente estesa. Urra.

Siegfried Tom Il numero dei cieli. Una storia del multiverso e della ricerca per compredere il cosmo

Singer Charles Breve storia del pensiero scientifico

Sissa ISAS laboratori Caos e complessità

Smith Michael Jung e lo sciamanesimo. Edizioni Amrita

Sparzani e Panepucci Jung e Pauli. Il carteggio originale: l'incontro tra Psiche e Materia. Moretti & Vitali.

Spilli (Manuali) L'illuminismo

Stapp Henry Quantum Theory and Free Will. Springer International Publishing.

Stavros Giosuè Sciamanesimo

Styer Daniel Capire davvero la relatività. Alla scoperta della teoria di Einstein

Tagliagambe Malinc. Pauli e Jung. Un confronto su materia e psiche. Raffaello Cortina Editore.

Tagliagambe Malinc Jung e il libro rosso: il Sé e il sacrificio dell'Io. Moretti & Vitali.

Tagliagambe Silvano Lo sguardo e l'ombra

Talbot Michael Tutto è uno. Feltrinelli

TEA edizioni Storia della scienza moderna e contemporanea. Vol. 3\1: Il secolo ventesimo

Teillard De Chardin Le singolarità della specie umana

Teillard De Chardin Il posto dell'Uomo nella Natura

Teodorani Massimo Bohm. La fisica dell'infinito. Macro Edizioni

Teodorani Massimo La mente creatrice. Dall'universo fisico alla vita intelligente. Macro Edizioni.

Teodorani Massimo Entanglement. L'intreccio nel mondo quantistico: dalle particelle alla coscienza.

Teodorani Massimo Sincronicità. Il legame tra fisica e psiche. Da Pauli a Jung a Chopra. Macro Edizioni.

Teodorani Massimo L'atomo e le particelle elementari. Macro Edizioni

Tipler Frank The physics of immortality. Doubleday.

Tong Ziya Quando guardi il mondo e non lo vedi

Toni Paolo Scintille matematiche. Giochi e gare di creatività e logica

Vacca Roberto Anche tu matematico

Vassallo Nicla Filosofie delle scienze

Vitebski Piers Gli sciamani

Von Franz Marie-Louise Psiche e materia

Von Franz Marie-Louise Divinazione e sincronicità. Psicologia delle coincidenze significative

Von Franz Marie-Louise Tipologia psicologica. Le funzioni della coscienza: pensiero e sentimento, intuizione e sensazione

Von Franz Marie-Louise Le fiabe interpretate

White John L'incontro tra scienza e spirito. Pratiche Editrice.

Widmann Claudio Sincronicità e coincidenze significative. Edizioni Magi.

Widmann Claudio Introduzione alla sincronicità. Edizioni Magi.

Wiener Anna La valle oscura

Wolke Robert Al suo barbiere Einstein la raccontava così. Vita quotidiana e quesiti scientifici

Zeilinger Anton Il velo di Einstein

Zichichi Antonino L'infinito

Zichichi Antonino L' irresistibile fascino del tempo. Dalla resurrezione di Cristo all'universo subnucleare

Do mesmo autor.

(Às vezes sob o pseudônimo de Jose Moniz)

Todos os volumes estão disponíveis nas melhores livrarias online, em formato impresso ou em ebooks.

Sincronicidade e entrelaçamento quântico.

Campos de força. Não-localidade. Percepções extra-sensoriais. As surpreendentes propriedades da física quântica.

Páginas 253. 55 ilustrações.

Muitas vezes nossa vida diária é acompanhada por intuições e pressentimentos. Há episódios de telepatia ou outras sensações da alma que acompanham a existência dos homens. Esses fenômenos não são raros e afetam a todos. Alguns estudiosos, com uma mentalidade mais aberta, queriam abordar o tópico cientificamente. Eles se perguntaram se existe uma maneira de entender experiências extra-sensoriais sem recorrer ao ocultismo, mitologia ou filosofias pseudo-religiosas.

A física quântica fornece respostas positivas para essa questão, e agora é certo que as partículas elementares estão conectadas umas às outras. O entrelaçamento quântico confirma que no nível das partículas elementares "tudo é um". Nesta unidade podemos reconhecer uma mente do universo. Talvez o *Anima mundi* de Platão ou o *Inconsciente coletivo* de Carl Jung. Talvez *Tao* da filosofia oriental. Ou talvez uma visão completamente nova da realidade, que unifica o material e o psíquico. O autor, com a clareza de um especialista em comunicação, envolve o leitor nesses tópicos de reflexão.

O universo é inteligente. A alma existe.

Mistérios quânticos, multiverso, entrelaçamento, sincronicidade. Além da materialidade, para uma visão espiritual do cosmos.

Páginas 280. Ilustrado..

As incríveis descobertas da física quântica estão perturbando completamente os pressupostos da ciência clássica. Hoje a técnica permite conquistas incríveis. Por exemplo, os primeiros computadores quânticos com capacidades de computação quase ilimitadas estão sendo realizados. Alguns apóiam a possibilidade real de viagem no tempo. Além dessas inovações conhecidas do público em geral, há outras menos conhecidas, mas não menos importantes. Essas são as novidades advindas dos estudos quânticos, dentre as quais podemos citar a "superposição de estados" e o "colapso quântico".

A "superposição de estados" confirma que a mesma partícula pode ser encontrada simultaneamente em dois ou mais lugares. A teoria do "colapso quântico" confirma que o comportamento da matéria pode ser decidido simplesmente pela observação. Estas não são suposições, mas princípios verificados experimentalmente.

Este livro não trata apenas dessas inovações, mas dá muito espaço para teorias mais avançadas. Estas são teorias anunciadas, mas ainda não confirmadas. Além disso, o livro também avalia as teorias mais arriscadas, desde que sejam cientificamente baseadas.

Por exemplo, o livro fala sobre o multiverso, ou teoria dos universos paralelos, proposto pelo físico Hugh Everett. Da mesma forma, o livro fala de não-localidade. É um espaço psíquico totalmente independente das leis da física clássica. Como resultado da não localização, partículas elementares, localizadas a distâncias astronômicas, comportam-se como se fossem uma.

Este livro também fala sobre as últimas pesquisas de Roger Penrose, um físico incrédulo, e Stuart Hameroff. De acordo com esses dois cientistas, a alma existe e pode ser identificada com flutuações quânticas. Essas flutuações têm a capacidade de sobreviver à morte física do corpo.

Se realmente as "almas" são condensações de flutuações quânticas, podemos formular uma pergunta: será possível imaginar instrumentos que permitam o diálogo com essas flutuações?

O livro expõe a pesquisa de cientistas estabelecidos, mas sem usar nenhuma fórmula matemática. As teorias são expostas de maneira simples e compreensível para todos. Desta forma, todos podem descobrir os aspectos insuspeitados da realidade em que vivemos.

É claro que a física quântica está decretando o fim do materialismo e o começo de uma nova fase cultural, baseada na colaboração entre espírito e matéria.

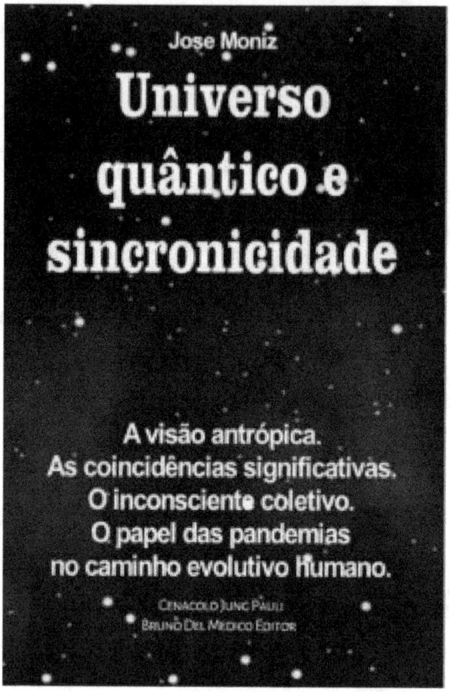

Universo quântico e sincronicidade.

A visão antrópica. As coincidências significativas. O inconsciente coletivo..
Edizioni PensareDiverso Copyright 2020. 274 páginas.

A física quântica propõe, em bases científicas, o conceito de um universo no qual cada partícula está conectada com todas as outras através de um vínculo que ultrapassa todas as leis da física clássica. Nesse contexto, todas as coisas convergem em um grande projeto de evolução cósmica, o "Unus mundus". Hoje, muitos cientistas conhecidos aderem à "teoria antrópica", segundo a qual o universo não nasceu por acaso, mas foi criado exatamente com as características que possui para hospedar uma vida inteligente. As últimas descobertas científicas negam o materialismo e impõem uma visão mais espiritual do universo em que vivemos.

A teoria da sincronicidade foi desenvolvida com metodologias rigorosas pelo famoso psicólogo Carl Jung. Durante uma longa colaboração, Jung obteve o apoio e o incentivo de um colega valioso, o físico Wolfgang Pauli, que foi Prêmio Nobel em 1945.

A sincronicidade representa um ponto de partida muito válido para investigar as razões profundas de alguns eventos que normalmente parecem aleatórios. De fato, as sincronicidades se manifestam na vida de cada um de nós através de estranhas coincidências, sonhos, intuições e pressentimentos, para confirmar que nada vem do acaso.

As sincronicidades descritas por Jung são cadeias de episódios aparentemente aleatórios, que, no entanto, contêm uma mensagem "numinosa". Embora a teoria da sincronicidade seja creditada ao campo da metafísica, as descobertas mais recentes da física quântica demonstraram sua plausibilidade científica.

Cada evento, como a série de epidemias que ocorrem nas últimas décadas, deixa o contexto da aleatoriedade e assume um significado bem definido na história da espécie humana. Provavelmente, a teoria da sincronicidade é a mais adequada para responder a essa pergunta: o coronavírus representa um evento devido ao acaso ou contém um significado que precisa ser revelado? Na parte final, este livro trata dos numerosos casos de epidemias que se desenvolveram nos últimos anos e os coloca no contexto de uma sincronicidade global que está guiando a humanidade para nível mais alto de complexidade e conscientização.

Tutti i colori dell'entanglement.

.

Do mito da caverna ao universo holográfico. Estranhas coincidências, sincronicidade, não-localidade quântica.

Edizioni PensareDiverso Copyright 2018. Páginas 354. 58 ilustrações.

A humanidade, desde os seus primórdios, quis investigar a origem e composição das coisas, para descobrir o seu funcionamento e a sua finalidade íntima.

O método universalmente usado é quebrar objetos em partes cada vez menores e, em seguida, analisá-los com todas as técnicas possíveis, da investigação visual às reações químicas. Isso ainda acontece hoje. Por exemplo, se um cientista deseja descobrir a estrutura química e física de um cubo de granito, ele o quebrará em pedaços cada vez menores até que seja dividido em átomos individuais.

No entanto, se o próprio cientista quiser investigar as partículas individuais que compõem o átomo, ele recebe uma surpresa incrível. O cubo de granito se comporta como um cubo de gelo. O cientista vê a matéria que se transforma em névoa, evapora, desaparece entre seus dedos. A matéria sólida se torna energia que vibra.

As partículas individuais se transformam em ondas flutuantes sem nenhuma corporeidade sólida.

No nível subatômico, a matéria não é mais matéria sólida, torna-se algo diferente.

Partículas elementares nos enganam. Parecem partículas sólidas se alguém as observar, mas se comportam como ondas vibratórias quando não são observadas.

Os átomos praticamente contêm apenas vácuo.

Na superfície, acreditamos que podemos tocar, pesar, manipular e medir a matéria. Mas, em sua composição mais íntima, a matéria se torna uma ondulação de vazio, energia, informação, onda ou vibração. O que nos parece matéria sólida, em sua essência mais íntima, não é mais matéria sólida.

Nesse ponto, está claro que não podemos mais falar de uma única realidade. Dependendo dos níveis de observação, do extremamente pequeno ao infinitamente grande, existem muitas realidades, todas diferentes, mas todas absolutamente verdadeiras.

Ou, talvez, haja muitos aspectos de uma realidade superior, ainda desconhecida. Todas as filosofias e religiões sempre criaram a hipótese de uma "zona do espírito" que transcende a matéria; ninguém, entretanto, jamais foi capaz de fornecer evidências de sua existência. Hoje a física quântica está abrindo uma enorme janela para horizontes que, até o século passado, não poderíamos ter imaginado. As confirmações vêm de experimentos realizados com sucesso, principalmente aqueles relacionados ao fenômeno do emaranhamento quântico.

Hoje sabemos que existe um nível de realidade que não está mais sujeito às restrições da física newtoniana. A física da matéria não é mais suficiente para descrever o universo.

A física quântica demonstra a existência de um nível em que a energia e a informação assumem o controle da matéria. Este é o chamado nível "não local". Poderíamos definir um nível psíquico ou espiritual. Neste nível, uma Inteligência universal interage com a humanidade. As vias de comunicação com o universo inteligente passam pelo inconsciente coletivo que foi teorizado por Carl Jung.

As sincronicidades junguianas nos guiam em um projeto de evolução cultural. É um projeto do qual estamos começando a tomar consciência.

Impressão concluída em 20 de outubro de 2022
Impressão concluída em 2 de junho de 2022

Bruno Del Medico é blogueiro, escritor, editor, especializado na divulgação de temas relacionados a atualidades sociais e as novas fronteiras da ciência. É autor de muitos textos relacionados à recente pandemia e de uma série especializada em física quântica e metafísica.

Don't miss out!

Did you love *Do universo físico ao cosmos metafísico. O emaranhamento quântico e a sincronicidade de Carl Jung*? Then you should read *Todas as cores do emaranhamento quântico*[1] by Bruno Del Medico!

[2]

O livro está dividido em três partes. Na primeira parte (As intuições), o autor trata das hipóteses mais relevantes sobre a realidade ilusória do mundo perceptível. A existência de um nível de consciência que transcende a matéria foi imaginada pelos grandes pensadores. Encontramos essa ideia no Mito da Caverna de Platão, na "Teoria Imaterialística" de Berkeley, em "Psicologia da Forma" (Gestaltpsychologie). A fonte mais confiável encontra-se nas obras sobre o inconsciente coletivo e na teoria da sincronicidade de Carl Jung.

---

1. https://books2read.com/u/mV80qA

2. https://books2read.com/u/mV80qA

Na segunda parte (Confirmações), o autor descreve de forma elementar, mas detalhada, o caminho da física quântica, desde o experimento de dupla fenda de Thomas Young até os fenômenos da sobreposição de estados e correlação quântica. Por meio dessas chaves privilegiadas é possível entender o emaranhamento quântico. Na terceira parte (Perspectivas), o autor descreve as teorias desenvolvidas por David Bohm sobre o "potencial quântico" no "universo implicado e explicado". e na visão holográfica do cosmos. Tudo é explicado com absoluta simplicidade, sem o uso de fórmulas matemáticas e com o auxílio de muitas ilustrações.

Read more at https://www.entanglement.it.

Also by Bruno Del Medico

Cenacolo Jung Pauli

Tutti i colori dell'entanglement. Dal mito della caverna all'universo olografico. Itinerario logico tra apparenza e realtà, strane coincidenze, sincronicità, non-località quantistica

Standalone

Entanglement e sincronicità. Campi di forza. Non-località. Percezioni extrasensoriali. Le sorprendenti proprietà della fisica quantistica.

L'universo è intelligente. L'anima esiste. Misteri quantistici, multiverso, entanglement, sincronicità. Oltre la materia, per una visione spirituale del cosmo

Strane coincidenze, presentimenti, telepatia Succede anche a te? Scopri i tre livelli della realtà, l'entanglement quantistico, gli archetipi e la sincronicità.

Le tecniche e i segreti dell'orto. Vademecum pratico dalla A alla Z

Prontuario di lotta biologica ai nemici dell'orto

500 secrets pour avoir un potager merveilleux

500 segreti per avere un orto meraviglioso

500 secretos para tener un huerto maravilloso

L'orto sul balcone ABC

Seminare con successo per raccogliere con abbondanza

Pielęgnować paprykę chili
Coltivare l’orto. Piccoli trucchi e antichi segreti
Coltivare le orchidee in casa tua. Vivi nella magia esotica del fiore più aristocratico.
Entanglement quantistico e inconscio collettivo. Fisica e metafisica dell'universo. Nuove interpretazioni.
Coltivare i peperoncini piccanti in vaso e sul balcone. La collezione cult per chi ama l’orto, il giardino e la buona tavola
L’orto e la luna. L’orto biologico deve recuperare le antiche tradizioni
Tsunami coronavirus. Quando torneremo alla normalità?
Coronavirus tsunami. ¿Cuándo volveremos a la normalidad?
Tsunami Coronavirus. When Will We Go Back to Normal?
Coronavírus de tsunami. Quando voltaremos ao normal?
Coronavirus tsunami. Quand reviendrons-nous à la normale?
Tsunami coronavirus. Wanneer gaan we terug naar normaal?
Tsunami-Coronavirus. Wann werden wir wieder normal?
Covid-19����������������������������
Covid-19��
Vi rút coronavirus Covid-19. Bảo vệ chính mình. Làm thế nào để tránh lây nhiễm. Làm thế nào để bảo vệ gia đình và công việc của bạn.
����������� �������� Covid -19� ���� �� �� ������� ��� �� ����� ���� ��, ���� ������, ���� ��� �� ����� �����
������� -19 �������� �����.
�������������� ������������.
������ ����, ������ ���������,
������ �������� �������������.

Pandemie e sincronicità. Ermetiche correlazioni tra i pipistrelli e il vuoto quantistico

Universo quantistico e sincronicità. La visione antropica. Le coincidenze significative. L'inconscio collettivo. Il ruolo delle pandemie nel cammino evolutivo umano

Coronavirus Covid-19. Defenda-se. Evite o contágio. Proteja sua casa, sua família, seu trabalho. Atualizado quarta edição.

Coronavirus Covid-19. Defenderse a sí mismo. Evitar el contagio. Protege tu hogar, tu familia, tu trabajo. Cuarta edición actualizada.

Coronavirus Covid-19. Defend Yourself. Avoid Contagion. Protect Your Home, Your Family, Your Work. Updated Fourth Edition.

Coronavirus Covid-19. Difenditi. Evita il contagio. Proteggi la tua casa, la tua famiglia, il tuo lavoro. IV° Edizione aggiornata.

Coronavirus Covid-19. Försvara dig själv. Undvik smitta. Skydda ditt hem, din familj, ditt arbete. Uppdaterad fjärde upplagan.

Coronavirus Covid-19. Forsvar dig selv. Sådan undgås smitte. Beskyt dit hjem, din familie, dit arbejde. Opdateret fjerde udgave.

Coronavirus Covid-19. Forsvare deg selv. Du kan unngå smittsomhet. Beskytt hjemmet, familien, jobben din. Oppdatert fjerde utgave.

Coronavirus Covid-19. Membela diri. Cara menghindari penularan. Bagaimana melindungi keluarga dan pekerjaan Anda. Diperbarui edisi keempat.

Coronavirus Covid-19. Verdedig jezelf. Vermijd besmetting. Bescherm uw huis, uw gezin, uw werk. Bijgewerkte vierde editie.

Coronavirus Covid-19. Vous défendre. Évitez la contagion. Protégez votre maison, votre famille, votre travail. Mise à jour de la quatrième édition.

Coronavirus Covid-19. Wehren Sie sich. Ansteckung vermeiden. Schützen Sie Ihr Zuhause, Ihre Familie, Ihre Arbeit. Aktualisierte vierte Ausgabe.

Коронавируса Covid-19. Как избежать заражения. Защити себя, свой дом, свою семью, свою работу. Обновленное четвертое издание. (Russian language)

L'Ucraina è solo l'inizio

Ukraine Is Just the Beginning

Kvanttrassel och synkronicitet

Kvanteindvikling og synkroniteten af Carl Jung

Kvantforvikling og synkroniteten av hendelser

Enredament quàntic i sincronicitat psíquica

Enredo cuántico e sincronicidade psíquica

Tapahtumien kvanttinen takertuminen ja synkronisuus

All the Colors of Quantum Entanglement

Todas as cores do emaranhamento quântico

Todos los colores del enredo cuántico

Alle Farben der Quantenverschränkung

Alle kleuren van kwantumverstrengeling

Toutes les couleurs de l'intrication quantique

Dall'universo fisico al cosmo metafisico. L'entanglement quantistico e la sincronicità di Carl Jung

Splątanie kwantowe i synchroniczność Carla Junga

Kvantna prepletenost in sinhronost dogodkov

Kvantové zapletení a synchronicita událostí

Keterikatan kuantum dan sinkronisitas peristiwa

Kuantum dolaşıklığı ve Carl Jung'un eşzamanlılığı

Квантна преплетеност и синхроност догађаја

Kvantna zapletenost i psihička sinhronost

Kvantové zapletenie a synchronicita udalostí

������� ����� �� ������

���������

�����������

Квантовая запутанность и синхронность событий

Gërshetimi kuantik dhe sinkronizmi psikik

Kvantna zapletenost i psihička sinkronicitet

Kvantum összefonódás és pszichés szinkronitás
Квантова заплутаність та синхронність подій
Квантово заплитане и психическа синхронност
From the Physical Universe to the Metaphysical Cosmos. The Quantum Entanglement and Synchronicity of Carl Jung
Vom physikalischen Universum zum metaphysischen Kosmos. Die Quantenverschränkung und Synchronizität von Carl Jung
Del universo físico al cosmos metafísico. El entrelazamiento cuántico y la sincronicidad de Carl Jung
De l'Univers Physique au Cosmos Métaphysique. L'Intrication Quantique et la Synchronicité de Carl Jung
Do universo físico ao cosmos metafísico. O emaranhamento quântico e a sincronicidade de Carl Jung
Van het fysieke universum naar de metafysische kosmos. De kwantumverstrengeling en synchroniciteit van Carl Jung
Alla färger av kvantförtrassling. Från Platons grottmyt till Carl Jungs synkronicitet till David Bohms holografiska universum.
Alle farverne i kvanteindvikling. Fra Platons hulemyte til Carl Jungs synkronicitet til David Bohms holografiske univers.
Všechny barvy kvantového zapletení.Od mýtu o Platónově jeskyni přes synchronicitu Carla Junga až po holografický vesmír Davida Bohma
Kuantum dolanıklığının tüm renkleri. Platon'un mağarası mitinden Carl Jung'un eşzamanlılığına, David Bohm'un holografik evrenine.
Toate culorile încurcării cuantice. De la mitul peșterii lui Platon la sincronicitatea lui Carl Jung până la universul holografic al lui David Bohm
Tots els colors de l'entrellat quàntic. Des del mite de la cova de Plató fins a la sincronicitat de Carl Jung fins a l'univers hologràfic de David Bohm

Watch for more at https://www.entanglement.it.

www.ingramcontent.com/pod-product-compliance
Lightning Source LLC
LaVergne TN
LVHW050431061026
849532LV00013B/239